Isabell Prophet

DIE ENTDECKUNG
DES GLÜCKS

mosaik

Isabell Prophet

DIE ENTDECKUNG DES GLÜCKS

Dein Leben fängt nicht erst nach der Arbeit an

mosaik

Alle Ratschläge in diesem Buch wurden vom Autor und vom Verlag sorgfältig erwogen und geprüft. Eine Garantie kann dennoch nicht übernommen werden. Eine Haftung des Autors beziehungsweise des Verlags und seiner Beauftragten für Personen-, Sach- und Vermögensschäden ist daher ausgeschlossen.

Sollte diese Publikation Links auf Webseiten Dritter enthalten, so übernehmen wir für deren Inhalte keine Haftung, da wir uns diese nicht zu eigen machen, sondern lediglich auf deren Stand zum Zeitpunkt der Erstveröffentlichung verweisen.

MIX
Papier aus verantwor-
tungsvollen Quellen
FSC® C083411

Verlagsgruppe Random House FSC® N001967

Dieses Buch ist auch als E-Book erhältlich.

1. Auflage
Originalausgabe September 2017
Copyright © 2017 Wilhelm Goldmann, München,
in der Verlagsgruppe Random House GmbH,
Neumarkter Str. 28, 81673 München
Umschlag: *zeichenpool
Umschlagmotiv: shutterstock/Ammak
Dieses Werk wurde vermittelt durch
die AVA international GmbH Autoren- und Verlagsagentur, München.
www.ava-international.de
Satz: Satzwerk Huber, Germering
Druck und Bindung: CPI books GmbH, Leck
Printed in Germany
JE · Herstellung: IH
ISBN 978-3-442-39323-7
www.mosaik-verlag.de

Inhaltsverzeichnis

Teil eins
Wie wir unser Glück verhindern 11

1 Einleitung 13
Was dieses Glück ist und wie es mein
Feierabendbier bezahlt. 13
Wie dieses Buch funktioniert. 20
Was wir in der Schule nicht gelernt haben 21

2 Über das Glück. 37
Wie man zu viel Glück haben kann 37
Was Glück und Geld zu *Partners in crime* macht 40
Wo die Menschen nach dem Glück suchten 47
Was die Risiken und Nebenwirkungen von
Glückskeksen sind. 61

3 Ausgewachsen, angekommen,
trotzdem glücklich?. 71
Wieso das Gute nicht lang anhält. 78
Wie wir aus der Vorstadt durch die Hölle an den
Schreibtisch gelangen 81
Wie wir richtiges Einordnen lernen. 88
Warum wir selbst manchmal unser eigener
Endgegner sind. 95

Teil zwei

Wo wir unser Glück finden 101

4 Mein Gehirn, meine Regeln 103
Wie wir von den ganz Harten lernen können 108
Wenn unter Druck nicht Diamanten entstehen,
sondern Organschäden 114
Wie Monotasking funktioniert 121

5 Das Genie redet sich das Chaos nur schön 129
Was Schall und rauchende Köpfe gemeinsam haben . . . 133
Wie wir einen Schutzraum entwickeln 138
Was ein grünes Büro ausmacht 143

6 Aufstehen! 145
Warum Sport Opium fürs Volk ist 150
Warum wir ein stabiles Zentrum brauchen 154
Wie Sport, Glück und mentale Leistung
zusammenhängen 158

7 Kollegen sind käuflich, aber nicht sehr teuer 161
Wer im Netz gefangen ist, der sollte eine Spinne
sein 164
Wie wir Glückskekse für den Schreibtisch
nebenan finden 169
Wie man sich bei Säbelzahntigern bedankt 175
Warum Selbstaufgabe zuviel des Guten ist 178
Warum wir doch eh alle das Gleiche wollen 185

Teil drei
Was wir für unser Glück tun können............ 191

8 Der perfekte Arbeitstag 193

9 In den Flow finden 199
  Dinge erledigen 201
  Glückstagebuch führen 202
  Abschalten 205
  Mittagspause genießen 207
  Schultern zurück und lächeln 209
  Erinnerungen bewahren 211
  Aufräumen................................. 213
  Kleine Gesten schätzen 215
  Atmen üben................................ 217
  Mehr Liebe wagen 220
  Schlafen lernen............................. 222

10 Karriere kostet Lebenszeit.................... 225
  Wer Macht behalten will, der muss sie teilen 229
  Warum gute Chefs glückliche Mitarbeiter
  haben – und gesunde 232
  Wann man gehen sollte 235

Zum Schluss................................. 237

Anhang 241
  Danksagung................................ 241
  Quellenverzeichnis........................... 243
  Register................................... 253

Für Petra

Teil eins

Wie wir unser Glück verhindern

1 Einleitung

Was dieses Glück ist und wie es mein Feierabendbier bezahlt

Manchmal wünschte ich mir, ich könnte bei meiner Arbeit einfach zur Tür rausmarschieren und müsste mich nie wieder umdrehen. Vielleicht schreie ich auf dem Weg nach draußen noch ein paar Beleidigungen raus und schaue in die erstaunten Gesichter der Kollegen. Dann binde ich mein Pferd los und reite glücklich in den Sonnenuntergang. Und morgen finde ich einen neuen Job, der meiner wahren Bestimmung entspricht und besser bezahlt ist, und ... *verdammt, ich kann nicht reiten und das wird alles nicht funktionieren.*

Im Arbeitsleben suchen wir heute nach Sinn, Sabbaticals und einer tollen Work-Life-Balance bei vollem Gehalt – oder zumindest so viel, dass wir nach Feierabend noch in den Bio-Markt gehen können. In unserer Generation soll sich die Arbeit grundlegend verändern: Alles soll besser werden. Alle verwirklichen sich selbst. Kaum einer soll noch die Kanzlei oder Bäckerei der Familie übernehmen, denn Eltern haben jetzt andere Träume für ihre Kinder: »Wir wollen, dass du glücklich wirst«, mit diesen guten Worten können junge Menschen dann Philosophie, Physik oder Wirtschaft studieren oder eine Ausbildung zum Goldschmied oder Erzieher machen. Hauptsache: glücklich. Hauptsache: Selbstverwirklichung. Und wehe, wenn nicht. Durch die Freiheit hängt die Messlatte sehr hoch. Sind wir gescheitert? Es fühlt sich manchmal so an, als habe der in unserer Gesellschaft versagt, der sich nicht selbst verwirklicht.

Aber war der Auftrag an das Leben nicht, glücklich zu werden? Und wenn das so ist – müssen wir das von 9 bis 17 Uhr tun? Oder noch schlimmer: selbst und ständig?

Ich habe meine ersten Jahre als offiziell Erwachsene damit verbracht, nach dem Job zu suchen, der mich glücklich macht. Zunächst wollte ich studieren und wählte Wirtschaftswissenschaften mit einem Informatik-Schwerpunkt. Doch die Informatik-Vorlesungen machten mich überhaupt nicht glücklich. Ich bemerkte schnell, dass ich eher Spaß an Wirtschaftsrecht hatte und trieb die Idee gleich auf die Spitze: Jetzt wollte ich Anwältin werden. Das war irgendwie spannend, hätte aber einen Neustart des Studiums verlangt und einen langen Marsch durch die bürokratische Vorhölle namens »Zentrale Vergabestelle für Studienplätze«. Es folgte ein Faible für Ostasienwissenschaften, später für Russland, dann wollte ich Politiker beraten. Als Kind hatte ich den Wunsch, Kampfpilotin zu werden und zwischendurch auch mal ein Kaffeehaus aufzumachen, in dem ich nebenbei Möbel aus dunklem Holz verkaufen würde. (Wehe, Sie klauen die Idee!) Nach dem vielen Hin und Her kam mir in einer Vorlesung der Volkswirtschaftslehre die große Erkenntnis: Menschen treffen dauernd furchtbar schlechte Entscheidungen für sich und ihren Lebensweg.

Anders gesagt: Wir sind verdammt gut darin, uns selbst unglücklich zu machen.

Ein Jahr später hatte ich meinen Bachelor und wollte unbedingt Wissenschaftlerin werden, promovieren und kraft meiner Gehirnwindungen die Krankenversicherung reformieren. Ich hatte da ein paar Ideen, und vielleicht wäre etwas daraus geworden, aber mir kamen zwei Dinge dazwischen: der Sommer und die Wirtschaftskrise. Eher durch Zufall absolvierte ich ein Praktikum bei der heimischen Lokalzeitung und fand alles total anstrengend. Und dann entwickelte sich, ganz nebenbei und sehr unerwartet, ausgerechnet das, wonach ich gar nicht gesucht hatte: der Spaß. Ich war auf Gold gestoßen, und zwar in Form schlauer Kollegen und spannender Herausforderungen. Ich liebte die Wochenenddienste, die langen Fahrten übers Land in Mamas Auto, Schlammspritzer beim Rasentraktorrennen, Scheunenfeste und lokale Debatten über Ideen aus dem fernen Berlin. Ich war glücklich.

Das war 2008. Der Sommer ging in die heiße Phase, und während ich sprachlich fragwürdige Lokalreportagen schrieb, ploppten Agenturmeldungen auf: Die Börsen brechen ein. Endlich etwas, das ich verstehen konnte. An der Uni lernten wir schon im zweiten Semester, wie Entscheidungen an Märkten getroffen werden, und wir dachten, wir könnten die Welt mit unserer Expertise retten. Doch die Welt kann nicht mal eben gerettet werden, dafür ist die Materie zu komplex. All diese Dinge haben mit Entscheidungen von Menschen zu tun, und die sind nicht so rational, wie in klassischen ökonomischen Modellen angenommen wird. Wir haben zu wenige Informationen. Und die, die wir haben, bewerten wir schlecht und nutzen sie falsch. Als Studentin hatte ich viel gelernt, aber ich konnte hier nicht helfen. Und ich entschied, dass tieferes Wissen daran auch nichts ändern würde.

An einem Tag im Dezember stand ich bei einem der Lokalredakteure im Büro und bettelte ihn an, mir mehr Aufträge zu geben. Damals hatte ich mich gerade für einen Ökonomie-Masterstudiengang eingeschrieben und die ersten Wochen hinter mich gebracht. Ich war kreuzunglücklich, wollte nicht mehr studieren; ich wollte arbeiten. Er sagte zu mir: »Du machst deinen Master, sonst arbeitest du hier gar nicht mehr.«

Ich weiß nicht mehr, ob ich irgendwas geantwortet habe. Aber ich weiß noch, dass ich ziemlich unglücklich nach Hause ging und nicht mehr weiterwusste.

Sechs Wochen später hatte ich einen neuen Studienplatz und brach den Ökonomie-Master ab. Wirtschaftsgeschichte mit starkem VWL-Schwerpunkt sollte es nun sein. Positiv ausgedrückt: breiteres Wissen statt tieferes.

Sie können sich vielleicht vorstellen, wie ich bis heute stottere, wenn mich jemand fragt, was ich studiert habe. Alles

Mögliche. Halten wir fest: Die Uni hat mich einfach nicht glücklich gemacht und ich war damals noch lange nicht weit genug, mich selbst glücklich machen zu können. Aber ich wurde an der Uni immerhin noch zwei Jahre älter und deutlich schlauer. Wir diskutierten über die Auswirkungen von Gesetzen auf das Verhalten der Staatsbürger, wie es zu den großen Krisen der Menschheit kam, ob ein Arbeiter in Zeiten der Industrialisierung glücklich sein konnte und, wenn nicht, ob er das in Sechs-Tage-Wochen ohne Urlaubsanspruch überhaupt gemerkt hat.

Mit anderen Worten: Ich war ganz schön beschäftigt und zumindest *weniger unglücklich*. Ich konnte lehrreiche Texte fürs Studium lesen, und ich hatte einen netten Nebenjob. Und Geld, meine Güte, mit 23 Jahren macht Geld einen noch ziemlich glücklich.

Brauchen wir Glück, wenn wir abgelenkt sind? Oder anders herum: Fehlt uns das Glück nur, wenn wir uns langweilen?

Dann begann für mich die Zeit von noch mehr Praktika und Probearbeit. In mir reifte die Erkenntnis, dass die Leute um mich herum gar nicht alle glücklich waren. Weder jene, die zumindest beschäftigt waren, noch solche, die echt viel Geld verdienten.

Wie glücklich jemand in seinem Berufsleben ist, merkt man nicht sofort. Bei manchen Menschen muss man ein bisschen bohren, denn die Unzufriedenheit sitzt unter der Oberfläche. Das liegt daran, dass wir uns oft auf den ersten

Blick nicht absolut unglücklich fühlen – das wäre ja auch schlimm. Trotzdem müssen sich viele erst einmal ausmeckern, wenn sie am Abend nach Hause kommen. Wenn der Frust einmal abgeladen ist, kommt man zur Kernfrage: Ist dieser Job wirklich noch der Traumjob, der er eigentlich sein sollte? Doch leider zielt die Frage in die falsche Richtung. Arbeit macht uns nicht glücklich. Das müssen wir schon allein schaffen.

Auf der Suche nach dem Glück belügen wir uns ganz gern selbst, einfach weil es so bequem ist. Wenn ich *diesen einen Auftrag* kriege, die *lang ersehnte Beförderung* oder *das schöne Eckbüro* – wie schön wäre mein Leben dann? Wir legen unser Glück in eine Idee von Erfolg und vergessen ganz, dass Glück auch anders geht.

Stellen wir uns folgende Situation vor: Zehn hoffnungsvolle Bewerber wollen einen Traumjob ergattern. Nur eine oder einer wird ihn bekommen. Zehn Menschen träumen vom Glück in dieser tollen Firma mit den coolen Kollegen und werden zum Bewerbungsgespräch eingeladen. Sie gehen durch das Gebäude, atmen die Luft, begrüßen die Menschen, die ihnen unterwegs begegnen. Und doch sind sie zu zehnt, und nur einer wird die Stelle kriegen. Ist das Leben der anderen dann ruiniert? »Natürlich nicht!«, sagen Sie jetzt einem guten Freund, der von seiner Niederlage in einer solchen Situation berichtet. Doch sind wir selbst der Freund, der träumt und hofft, dann sieht die Sache anders aus. Dann können wir uns manchmal kein Glück vorstellen, außer dem einen, das wir uns ersehnt haben. Deshalb fühlen sich Niederlagen in einem Moment so dramatisch an, während wir in der Rückschau mit einem Lächeln die Achseln zucken. Das Leben ging weiter. Wir wurden woanders glücklich.

Glück im Erfolg zu finden, ist also nicht besonders einfach – und vielleicht von vornherein die falsche Reihenfolge. »Nicht Erfolg macht uns glücklich«, meint der US-amerikanische Glücksforscher Shawn Achor. »Glück macht uns erfolgreich«, schreibt er in seinem Buch »The Happiness Advantage«.[1] Und damit meint er tatsächlich das persönliche Lebensglück, die englische *Happiness*.

Für diese Erkenntnis beobachtete er zunächst seine Studenten, dann Schüler in Simbabwe und schließlich Manager in den USA. Ihm fiel auf: Wer seine Ausbildung oder seine Arbeit als Privileg betrachtet und sozial gut verankert ist, der ist oft erfolgreicher als Mitstreiter, die ihre Jobs als Selbstverständlichkeit ansehen und wenig auf Freunde geben. Das gilt für das Lernen wie für den Beruf. Und das ist eine der wichtigsten Botschaften der Glücksforschung der Gegenwart: Freunde machen uns glücklich. Freunde vernachlässigen, vor allem für den Job, hilft niemandem.

Also ja: Dieses Glück bezahlt unser Feierabendbier, und das muss es auch, denn wer wenig Geld hat, der ist eher einsam, fanden Psychologen um Maike Lohmann von der Universität Köln heraus. Und wer einsam ist, der ist eher unglücklich.

Geld als Entschädigung für harte Arbeitstage taugt allerdings nur bedingt, und das liegt auch an der Lebenszeit, die wir mit unserer Arbeit verbringen. Allzu vertraut ist uns der Gedanke: *Dieser Job ist das Geld nicht wert!* Aber nicht jeder kann kündigen, und es wäre auch gar nicht richtig, weil Arbeitslosigkeit uns noch unglücklicher machen würde. Schönreden, die Mär vom positiven Denken, ist eine gute Idee – doch es reicht nicht. Im Job glücklich zu werden, ist eine Wissenschaft für sich.

Wie dieses Buch funktioniert

In Teil eins des Buches müssen wir uns über Glück unterhalten und über das Problem, das bei der Suche danach entsteht. Denn es sind nicht nur die anderen schuld, wenn wir uns nicht glücklich fühlen. Okay, natürlich sind die anderen schuld. Da wir die aber nicht ändern können, müssen wir zusätzlich ein paar angreifbarere Probleme identifizieren.

Was ich von der Glücksforschung gelernt habe, steht in Teil zwei des Buches: »Wo wir unser Glück finden«. Es gibt viele Methoden, mit denen wir uns glücklicher machen können. Und auch die Menschen um uns herum werden es leichter mit uns haben. Meditieren muss dafür niemand – obwohl es hilft, aber auch dazu kommen wir später. Vor allem erzähle ich von Erkenntnissen, die Wissenschaftler unterschiedlichster Disziplinen gewonnen haben, zum Beispiel aus Experimenten mit Süßigkeiten oder indem sie die Aktivität des Vagus-Nervs gemessen haben, der unser Gehirn mit den Organen verbindet. Geht es um unser Glück, dann ist nämlich der ganze Körper zuständig. Daher sammle ich hier Forschungsergebnisse aus wissenschaftlichen Fachrichtungen wie der Psychologie, Verhaltensökonomie, Soziologie, Neurologie, Philosophie und der Inneren Medizin.

Aus der neuropsychologischen Forschung weiß ich, dass wir alle ganz gern kurze, praktische Tipps hätten. In Teil drei, »Was wir für unser Glück tun können«, finden Sie deshalb kleine Übungen, die Sie am nächsten Tag direkt mit ins Büro nehmen können. Es sind genau jene Aktivitäten, denen Wissenschaftler so eine große Bedeutung beimessen, wenn wir unser Glück suchen. Und ich verspreche, dass Sie dafür keine Yoga-Matte benötigen.

Was wir in der Schule nicht gelernt haben

»Mache die Dinge so einfach wie möglich«, sagte Albert Einstein, »aber nicht einfacher.«

So ist das mit dem Glück: Ich habe es mir immer als etwas Leichtes vorgestellt, einen sorgenfreien Schwebezustand, wenn man entspannt aus dem Büro nach Hause kommt. Doch so einfach ist es eben nicht. Und Glück nach Feierabend ist für die meisten nicht mehr genug. Viele Menschen mögen ihre Jobs, doch es bleibt ein Aber – *aber* die Chefin, aber das Geld, *aber* der Kollege, *aber* der Stress, *aber* die fehlende Freiheit … Jeder hat sein eigenes *Aber*. Diese Abers sind real, und es wäre ganz wunderbar, wenn wir sie ändern könnten. Doch das geht nicht immer, und es geht nicht für jeden, denn manche Abers haben wir einfach nicht unter Kontrolle. Schlimmer noch, wir nehmen sie mit nach Hause und versauen uns dann auch noch den Feierabend mit ihnen. Und zum Einschlafen bleibt noch der Gedanke: Ich hätte schon längst gekündigt – *aber*.

Diese Abers treffen uns so hart, weil wir ihnen nicht gewachsen sind. Wir hatten sie nicht erwartet, wir wurden nicht auf sie vorbereitet. Und hier läuft etwas schief. Ich kann keine Gedichte analysieren, dafür ist meine Steuererklärung halbwegs vorzeigbar, meinen Balkonpflanzen geht es gut und neulich habe ich ganz allein einen Wasserhahn ausgetauscht. Ich kann Flächen, Volumen und Wahrscheinlichkeiten berechnen, und mein Englisch ist akzeptabel. Das ist doch eigentlich eine ganze Menge. Aber darüber, wie das Leben gelingt, darüber haben wir nie gesprochen. Wir werden nicht auf das Berufsleben vorbereitet. Bestenfalls auf den Bewerbungsprozess.

Wenn man sich für einen Job bewirbt, werden die Abers und Zweifel oft sehr laut im Kopf. *Präsentiere ich mich gut, oder kann ich das besser machen? Was muss ich vorher alles recherchieren? Idealerweise die ganze Unternehmensgeschichte, aktuelle Nachrichten, den Markt, und eigentlich sollte ich auch eine neue Firmenstrategie im Hinterkopf haben. Es dauerte viele*

Jahre, bis ich begriffen hatte: Ich muss qualifiziert sein, ja. Doch der Job und das Unternehmen müssen umgekehrt auch zu mir passen. Ich muss die Arbeitstage ertragen, ohne verrückt zu werden. Und ich muss mich auch selbst sehr gut kennen, um zu wissen, welcher Job gut für mich ist.

Auf unser Lebensglück zu achten, das rät uns niemand. Alle sind viel zu beschäftigt damit, uns zu sagen, dass in der Bewerbungsmappe keine Eselsohren sein sollen.

Wir sind zur Schule gegangen, damit wir es einmal besser haben. Mit diesem Wissen kann man erfolgreich durch die Schul-, Ausbildungs- und Universitätsjahre bis ins Berufsleben kommen. Aber warum ist niemand je auf die Idee gekommen, uns mal die Sache mit dem Glück zu erklären?

Klug ist das ja nicht gerade. Immerhin sind glückliche Arbeitnehmer gut 12 Prozent produktiver, schätzen Ökonomen der Universität Warwick.[2] Glück ist ein Wirtschaftsfaktor – vielleicht sollten wir es mal mit Weiterbildungen probieren? Oder Sie schenken dieses Buch Ihren Kollegen. Das Wissen über Glück funktioniert wie das Wissen über gesunde Ernährung und körperliche Fitness: Die Basics können wir uns selbst zusammenreimen – Sport ist besser als kein Sport, Tomaten sind besser als Kartoffelchips –, den Rest müssen wir erst einmal lernen.

In einigen wenigen Schulen gibt es heute das Glück als Fach. Angefangen hatte damit die Heidelberger Willy-Hellpach-Schule. Die Schüler dort lernen Glück in der Gemeinschaft, sie lernen Empathie, aber auch den Einfluss von Fitness und Ernährung, sozialer Verantwortung und der Wahrnehmung des Augenblicks. Michael Leisinger unterrichtet die Schüler in Heidelberg und an der Theodor-Frey-Schule in Eberbach. Der Unterricht ist inklusiv und auch für Flüchtlingsklassen zugänglich. Die Schüler lernen dort den Wert von Vertrauen und Zusammenhalt, denn ganz wesentliche Erkenntnisse der Glücksforschung bestätigen, wie wichtig unser Sozialgefüge für unser persönliches Glück ist.

Leisinger selbst ist manchmal überrascht, wenn er am Ende des Schuljahres die Glückshefte seiner Schüler durchschaut, wie unterschiedlich die Wahrnehmung und die Wirkung auf die einzelnen Schüler ist. Dabei hat der Glücksunterricht seinen eigenen Lehrplan und Klausuren, sogar eine Abiturprüfung können die Schüler darin ablegen. Doch Glück bleibt etwas, das aus der individuellen Perspektive des Einzelnen erfahren werden muss. Die Schüler können lernen, wie Glück funktioniert. Das Ergebnis ist jedoch immer ein anderes.

Glück ist ein Zustand des Gemüts. Der Philosoph Platon sagte, das für ihn Vernunft, Begehren und Wille in Einklang stehen müssen. Das klingt nach Zufriedenheit, aber Zufriedenheit reicht eigentlich nicht. Zufriedenheit ist die Erkenntnis, dass mittelfristig alles in Ordnung ist. Dass das

Positive das Negative überwiegt. Zufriedenheit ist das Gefühl, dass am Ende eines ätzenden Monats mit genervten Kollegen und mehr Arbeit als erträglich ist, wenigstens genügend Schmerzensgeld auf dem Konto landet. Wir haben es uns ja verdient.
Glück ist mehr.

Schon das Wort »Glück« ist ein ziemlich doppeldeutiger Begriff. Wenn wir glücklich sind, werden in unserem Gehirn Botenstoffe ausgeschüttet, die Mundwinkel wandern nach oben – ganz egal, ob uns jemand dabei zusieht. Die Muskeln rund um unsere Augen spannen sich an, und es entsteht ein glückliches Lächeln. Unser Blutdruck steigt ein wenig, ebenso unser Herzschlag. Der Körper steht unter einer angenehmen Spannung. Voilà: Glück.

Ich habe dieses Gefühl nach einem tollen Tag, an dem ich mit meiner Leistung zufrieden bin und mich ein Feierabend auf dem Balkon erwartet. Ich habe es, wenn ich meinen eigenen Erwartungen gerecht werde, sie am besten noch übertreffe, sei es bei der Arbeit oder beim Sport. Ich habe es, wenn überraschend eine Freundin vor meiner Tür steht, bereit für einen Abend voll guter Geschichten, Finger-Food und einen Sonnenuntergang über den Dächern Berlins. Das ist das kurzfristige Glück. Es ist Gehirndoping. Deshalb wirkt sich Glück im Berufsleben nicht nur positiv auf unseren Feierabend aus. Wir werden auch leistungsfähiger, können neue Informationen besser verarbeiten und abspeichern.

Oft hat das Gefühl etwas mit einer Überraschung zu tun. Dann werden in unserem Mittelhirn Zellen aktiv, die den Botenstoff Dopamin ausschütten. Im Frontallappen, wo aktuelle Ereignisse verarbeitet werden, kommunizieren die Gehirnzellen dann besonders gut. Das Gehirn interagiert über Synapsen, den Kontaktstellen zwischen den Ausläufern zweier Gehirnzellen. Und diese Ausläufer wachsen mit ihren Aufgaben. Die Eingänge heißen Dendriten, die Ausgänge Axone. Und wenn sie Reize empfangen, verformt sich die Zelle, die Dendriten räkeln sich der neuen Information quasi entgegen. Dopamin wirkt wie Kontaktspray auf die Synapsen.

Evolutionär gesehen ist es ein ziemlich kluger Vorgang, positive Überraschungen mit guten Gefühlen und einem Lernvorgang zu kombinieren. Hirnforscher Manfred Spitzer nennt als Beispiel die Suche nach Beeren im Wald. Wir laufen durchs Gebüsch, futtern grüne, bittere und latent ungesunde Beeren. Und dann, ganz aus Versehen, erwischen wir eine rote. Die schmeckt süß und fruchtig, und ist auch viel gesünder. Wir freuen uns, unser Mittelhirn schüttet Dopamin aus, unsere Synapsen feuern und unser Gehirn speichert ab: rote Beeren = lecker = glücklich. Im Kopf reagieren jene Areale, die die Beeren lecker finden, gleichzeitig mit jenen, die festgestellt haben, dass sie rot sind, und jenen, die eine glückliche Überraschung empfunden hatten. Wiederholt sich dieser Vorgang, kann sogar eine Erwartung daraus entstehen. Dann empfinden wir schon Glück, wenn wir die rote Beere nur sehen. Falls gerade Erdbeerzeit ist: Gehen Sie Erdbeeren kaufen, und beobachten Sie Ihre Gefühle. Wann sind Sie am glücklichsten? Beim Loslaufen? An der Kasse? Auf dem Nachhauseweg? Oder wenn Sie die Erdbeere im Mund haben? Letzterer Moment wird es vermutlich nicht sein. An den Geschmack der roten Beere gewöhnen wir uns leider viel zu schnell – der Reiz ist keine Überraschung mehr. Sie ist noch immer süß und lecker, das ganz große Hoch empfinden wir aber eher in der Zeit der Vorfreude, wenn unsere Neuronen fröhlich vor sich hin feuern – sie haben es ja so gelernt. Deshalb arbeiten übrigens Chips-Hersteller so intensiv am Knistern der Tüte. Schon das Geräusch stellt eine positive Assoziation voller glücklicher Erwartung her. Selbst die zunächst weltbeste neue Geschmacksrichtung langweilt unser Gehirn nach einer Weile. Die Chips bleiben lecker, doch der Geschmack ist wie erwartet. Knistert die Tüte, sind wir dennoch aufgeregt. Vielleicht heißt es deshalb in einem deutschen Schlager: »Die größte Liebe erfüllt sich nie.«

Und wie die Liebe ist Glück ein Rausch, nicht nur sprichwörtlich, sondern tatsächlich: In Hypophyse und Hypothalamus werden Endorphine ausgeschüttet, endogene Morphine, also körpereigene, Opium-ähnliche Substanzen. Sie wirken im ganzen Körper, im Rückenmark zum Beispiel. Das ist überhaupt der Grund, warum wir auf Opiate so berauscht reagieren: In uns waren von Anfang an Rezeptoren dafür da.

Das langfristige Glück ist etwas stiller und lässt sich nicht mit einer schönen Überraschung erkaufen. Es überfällt mich manchmal, wenn ich eine gute Zeit habe und zwischen Supermarkt und Badewanne feststelle: Ja, es ist alles in Ordnung. Das Leben ist gut, so wie es ist. Diese Momente sind seltener und nicht mit so viel euphorischer Energie verbunden. Aber sie geben eine ruhige Kraft.

Langfristiges Glück müssen wir also in uns selbst finden – trotzdem hängt es verdammt stark von äußeren Einflüssen ab. Das mag manchmal paradox erscheinen. Ich bin nicht glücklich, wenn ich mich, statt mich über meinen sportlichen Eifer zu freuen, um den Muskelkater des nächsten Tages sorge. Ich wäre nicht glücklich, wenn ich an meiner eigenen Leistung nur die kleinen Fehlschläge des Tages suchen würde. Und ich bin überhaupt nicht glücklich, wenn ich nach einem tollen Tag beklage, dass ich nicht auch noch dafür gelobt wurde. Und wenn ich mich eine Woche lang jeden Tag über Kleinigkeiten ärgere, bin ich Freitagabend völlig erschöpft und habe alles Gute vergessen. Deshalb ist Glück so wichtig. Und die Fähigkeit, es wahrzunehmen.

Glück hat in diesem Sinne also auch etwas mit Ignoranz zu tun. Glücklich sind wir, wenn wir die Schattenseiten ausblenden. Und das ist gar nicht so unvernünftig. Oft genug grübeln wir lange über Dinge nach, die nie eintreten werden. Oder bewerten Kritik höher als Lob. Oder kritisieren uns selbst, obwohl wir Zuspruch verdient hätten. *Großartig, dieses monatelange Projekt, das ich gerade abgeschlos-*

sen habe – und alles verdorben, weil ich bei der Präsentation Schokolade auf dem T-Shirt hatte.

In der deutschen Sprache wollen wir glücklich *sein*, also dauerhaft. Doch Glücklichsein ist etwas Kurzfristiges, wie ein Anflug von Euphorie von Zeit zu Zeit.

Die Briten sagen *happiness* und meinen damit nichts anderes als Glücklichsein. Meine Freundin Wendy aus dem englischen Leeds findet es schön, jemandem Glück zu wünschen und dabei *happiness* und *luck* gleichzeitig zu meinen. Das sehr kurzfristige Glück nennen sie *joy*, ein noch intensiveres Glücksgefühl. Mein Freund Mark aus Kalifornien findet allerdings, da fehle doch etwas: *Happiness* ist ein Gefühl. *Luck*, das ist doch vielmehr der Unterschied zwischen zwei Zuständen – und der eine ist deutlich besser als der andere.

In Frankreich ist das Glück schon wieder anders organisiert. *Bonheur* heißt Glück und lässt sich als »gute Stunde« übersetzen, *heureux* heißt das Adjektiv dazu. Da sind die Franzosen also auch beim Nomen viel näher an unserem Glücksgefühl. Wer jemandem Glück wünscht, der wünscht eine *Bonne courage!*, und wenn das nicht hilft, dann *Bonne chance! – Chance* ist im Französischen ein glücklicher Zufall, *courage* beschreibt Mut oder Beherztheit.

Es geht darum, dass nicht nur alles in Ordnung ist, sondern eben noch ein bisschen mehr. Wir hatten uns dieses Erwachsenenleben schließlich anders vorgestellt. Zufrieden sind wir. Aber glücklicher, das wäre auch ganz schön.

Wir sollen uns verändern, das nehme ich aus den Erfolgsgeschichten glücklicher Aussteiger mit. Fünfzehn Minuten Ruhm erntete der niederländische Rekord-Abiturient
Ward Teunissen, der in fast allen Fächern die volle Punkt-
zahl erreichte und dann endlich Zeit für seinen Traum-
beruf hatte: Busfahrer. 17 Jahre war er alt und wollte gern
im Bus durch die Straßen Nijmegens fahren, früh am
Morgen oder spät abends, im Stau, im Schnee, mit Grund-
schülern oder dem freitäglichen Feiervolk. Klingt wie der
Plan eines dummen Jungen? »Ich bin seit fünf Jahren Busfahrer«, erzählt er mir, »und sehr glücklich damit.«

Dabei hatte Ward mit seinem Super-Abi erst einmal das
getan, was alle von ihm erwarteten: Drei Jahre lang hatte
er Physik studiert, doch gefallen hatte es ihm nicht. Ward
bereitete sich auf eine wissenschaftliche Karriere vor und
fuhr am Wochenende Trucks als Hobby. Nur richtig
glücklich war er nie. Als er 21 wurde, meldete sich die
Busgesellschaft und bot ihm eine Ausbildung zum Busfahrer an. Ward sagte zu und hat es bis heute nicht bereut.

»Ich bin glücklich, wenn ich vor der Universität halte,
die Studenten aussteigen und ich hinter meinem Lenkrad
sitzen bleiben darf«, erzählt er mir in einem Interview. »Ich
mag das sorgenfreie Leben – wenn ich Feierabend habe, ist
mein Arbeitstag zu Ende und ich muss über nichts mehr
nachdenken.« Bis er am nächsten Tag wieder seinen Bus
abholt, durch die Straßen fährt, Menschen hilft und mit
ihnen spricht.

Alles eitel Sonnenschein also? Auch Ward registriert die
Aggression von Fahrgästen oder Autofahrern, die uns

manchmal im Straßenverkehr begegnet. Aber er ist draußen, und er mag seinen Job, seine Freunde, seine Freundin, sein Privatleben. Selbstverwirklichung hat er geschafft.

Veränderung muss man sich leisten können, und die meisten Menschen können das nicht. Ziemlich viele Jobs sind weder glamourös noch romantisch. Sie sind anstrengend und ausschließlich dazu da, den Arbeitnehmer mit Geld zu versorgen. Wer seine Tage damit verbringt, Blusen aus einem Karton auf Bügel zu hängen, Bügel an die Kleiderstange, Blusen in anderen Ladenabteilungen zusammensuchen, wieder auf den Bügel, den Bügel wieder auf die Kleiderstange – der hat zwar mehr Bewegung, muss dafür aber auch die Launen der Kunden aushalten. Und er kann mit Sicherheit nicht so einfach seine Ersparnisse zusammenkratzen und etwas völlig Neues anfangen. So ignoriert die Idee von der Selbstverwirklichung der Arbeitnehmer leider völlig die Realität des Arbeitsmarktes.

Idealerweise sollen wir uns selbstständig machen, davon handeln die Erfolgsgeschichten in Magazinen und Blogs. Sein eigener Chef sein, am liebsten noch größer denken und gleich eine Firma gründen. Da bin ich ein wenig voreingenommen. Selbstständigkeit ist gar nicht so übel. Sie ist aber nicht die Antwort auf jedermanns Sorgen. Kündigen ist nicht die Lösung für jeden, und mitten im Leben etwas völlig Neues anzufangen auch nicht. Wer zwei kleine Kinder hat, der wird seinen sicheren Job nicht kündigen, um auf eigenes finanzielles Risiko eine Saftbar zu eröffnen. Wer sein Leben lang auf Sicherheit gespielt hat, der hat vielleicht gar keine Lust, sich plötzlich selbst zu versichern, Rücklagen zu bilden, mit seinem Ersparten für eine Firma zu haften, im neuen Jahr mehrere Tausend Euro Steuern nachzuzahlen.

Glücklicherweise muss niemand alles umschmeißen. Das ist der Ansatz der Glücksforschung. Wir müssen nicht unser ganzes Leben verändern, um Glück zu erschaffen. Glück gibt es auch in dem Leben, das wir haben. Und damit meine ich nicht das Glas Frustwein im Feierabend – betrunken sein macht uns nur sehr, sehr kurzfristig glücklich, und der Effekt des Alkohols lässt sich zu einem großen Teil auf den Menschen zurückführen, mit dem wir ihn trinken. Anders gesagt: Nach einem Abend mit meiner Freundin Sofia bin ich glücklich und betrunken. Und beides ist *ihre Schuld*.

Glück finden wir an unserem Arbeitsplatz, wenn wir ihn richtig einrichten. Wir finden es in unserer Deutung der Ereignisse, in Freundschaften und darin, wie wir mit Kollegen umgehen. Glück liegt in unserem Verhalten: in der Ernährung, im Sport, in kleinen Ritualen vor dem Schlafengehen.

Aus der Erkenntnis, dass Glück im Wortsinne *machbar* ist, folgt noch etwas anderes: Leid, oder das, was wir dafür halten, macht uns nicht zwangsläufig dauerhaft unglücklich. Der Autor Roger Willemsen bezeichnet das Unglück wie einen Ermüdungsbruch im Leben als »Knacks« und hat unter diesem Titel ein Buch darüber geschrieben. Es geht um das »Abfallen der Lebenstemperatur, ein erstes Verschießen der Farben«. Ihm begegnete der Knacks, als sein Vater starb. Er beobachtet ihn bei Paaren in Cafés, in Kinosälen und Fußballstadien, in der modernen Arbeitswelt. Wir leben den Knacks voll aus. Vielleicht fühlen wir uns mal zufrieden, aber ein Schatten über uns bleibt.

Doch die Forschung sieht das anders. Es dauert, bis die Psyche heilt, wenn der Körper nicht mehr heilen kann. Und doch wissen wir von einer Studie des Jahres 1978, dass Menschen sich auch nach Schicksalsschlägen erholen. Rollstuhlfahrer sind nicht per definitionem für immer unglücklich. Wer einen geliebten Menschen verliert, der wird ihn für immer vermissen. Aber er kann wieder glücklich werden. Genauer gesagt: Er kann wieder jenes Glückslevel erreichen, das er auch vor dem Knacks hatte.

Der gleiche Effekt tritt übrigens auch bei Lottogewinnern ein: Zunächst sind sie glücklicher. Finanziell geht es ihnen besser als vorher. Sie können sich ein neues Auto kaufen, schicke Schuhe oder einen schnellen Laptop. Und weil Materielles allein nicht glücklich macht, erlaubt ihnen ihre finanzielle Freiheit nun auch Reisen. Entspannt am Stand von Bali, der Drink wird direkt an der Sonnenliege serviert und zum Abendessen gibt es edelste Fische und Champagner mit Minzblättchen. Ja, Geld kann uns sehr glücklich machen. Geld gibt uns die Freiheit, zu tun, was wir mögen. Langfristig gesehen pendelt das Glücksgefühl der Lottogewinner jedoch wieder auf den Normalzustand zurück, verrieten die Daten der Studie.[3] Geld ist also auch keine Dauerlösung.

Hinter diesen Beobachtungen steckt eine Gleichung: Unser Glück wird zu 50 Prozent von unseren Genen bestimmt, zu 10 Prozent von unseren Lebensumständen und zu 40 Prozent von unserem Verhalten, hat die Psychologin Sonja Lyubomirsky herausgefunden.[4] Und das ist eine gute Nachricht. Unsere Gene können wir nicht verändern, sie sind uns gegeben. Unser Verhalten aber können wir ändern und, in gewissem Umfang, auch unsere Lebensumstände.[5]

Die 10 Prozent sind interessant, weil sie es sind, die wir grundsätzlich überschätzen. Wir neigen ja ein wenig dazu, die Umstände für unser Unglück verantwortlich zu machen, für eine gescheiterte Liebe, unsere Schlafstörungen, die fünf, na gut, eigentlich sieben Kilo zu viel auf der Waage. Schuld sind wahlweise: die Arbeit, der Wohnort, Stress oder Belastungen von außen. Dinge, die veränderlich sind, aber auch irgendwie träge. Und wenn wir diese Umstände nur für 10 Prozent unseres Glücks verantwortlich machen können, dann sind sie auch nur für 700 Gramm unseres Frustspecks zuständig. Wir können unsere Lebensumstände verändern, ja. Aber wir müssen es nicht. Es lohnt sich auch gar nicht. Andere Ansatzpunkte können uns auf der Suche nach dem Glück viel eher weiterhelfen.

Bei den 40 Prozent eigenem Verhalten sollten wir ansetzen, da ist noch einiges zu machen. Den Glücksforschern um Lyubomirsky geht es um die kleinen Dinge des Alltags. Kleine gute Gesten gegenüber anderen und für uns selbst, die alles ein bisschen besser machen. Den Effekt dieser kleinen Dinge können Neurologen messen, sie finden ihn im Gehirn, in unseren Organen, in unserer Stressresistenz. Was immer wir tun, es verändert etwas in unserem Gehirn. Jede Bewegung, jede Wahrnehmung, jedes Buch, jeder Film, jeder Kuss, jeder Streit mit dem Kollegen und jedes Lob des Chefs. Und genau darum geht es in diesem Buch: um die großen Veränderungen, die kleine Verhaltensanpassungen bewirken können.

2 Über das Glück

Wie man zu viel Glück haben kann

Wer glücklich ist, hat noch Kapazitäten? Wer noch lacht, der arbeitet nicht hart genug? Diese alten Dogmen sind längst widerlegt. Glück macht produktiv. Zufriedene Mitarbeiter kündigen seltener, müssen also auch nicht ersetzt werden durch neue, die erst gesucht werden müssen, dann den Betrieb nicht kennen und eingearbeitet werden wollen. Unglückliche Mitarbeiter machen mehr Fehler und sind öfter krank. Glück ist gut für uns und auch für den Betrieb. Doch ganz ohne Nebenwirkungen ist das Glück nun auch wieder nicht. Und ich meine das nicht mit Augenzwinkern, ich meine das ernst. Glück hat seine Schattenseiten. Wir tun gut daran, sie uns bewusst zu machen.

Das Streben nach Glück

Wer das Glück sucht, der hofft es zu finden. Doch Glück zu erkennen, ist gar nicht so leicht. Manchmal hinterfragt man sich dann: *Ist das jetzt schon Glück? Oder sollte das nicht noch etwas mehr sein?*

Meine Mama sagt immer:»Jetzt wollen wir es nicht zerreden«, und damit hat sie natürlich recht. Wer gute Dinge zerpflückt, der macht sie kaputt. Das Streben nach Glück kann uns unglücklich machen, weil wir es dabei vielleicht übersehen. Oder weil wir uns ungenügend fühlen. Wenn Glück eine Pflicht im Leben ist, dann sind wir nicht gut genug, wenn wir es nicht finden. Wir haben versagt. Die anderen sind besser als wir. Das tut weh. Denn obwohl es so viele verschiedene Definitionen von Glück gibt, wollen wir es krampfhaft vergleichen.

Dazu ein Beispiel: Eine Frau hat Mann und Baby und ist neidisch auf die Freiheit der anderen. Eine Freundin von ihr ist Single, reist viel und wünscht sich doch nichts sehnlicher als ein bisschen Alltag, einen Partner und eine Familie. Wir wollen das, was wir nicht haben, auch das macht die Suche nach dem Glück so schwierig. Sobald wir es gefunden haben, wollen wir es ändern.

Wir idealisieren das Glück der anderen

Ja, Kinder machen glücklich. Sie machen aber auch Arbeit, bedeuten viel zu oft einen Karriereknick und Schlafmangel. Ja, beruflich viel zu Reisen ist spannend, aber auch sehr anstrengend. Etwa mitten in der Nacht bei null Grad am Genfer Flughafen zu stehen, wenn man in Basel sein müsste. So ist es mir einmal passiert, als ich unterwegs war, um am nächsten Morgen an einer Hochschule ein Seminar zu halten – etwas, das ich wahnsinnig gern mache und das mich mit Energie auflädt. Leider wurde mein Flug umgeleitet, und ich landete nicht da, wo ich hinwollte. Ich landete wirklich weit weg.

Kommentar einer Freundin: »Ich wollte schon immer mal nach Genf.«

Kommentar meines Immunsystems: »Ich kann nicht mehr. Mach was du willst, aber mach es ohne mich.«

Bevor wir anderen ein Glück andichten, das sie vielleicht gar nicht haben, sollten wir genau hinschauen. Glück ist etwas, das in uns selbst stattfindet und das jeder für sich selbst finden muss. Das Glück der anderen darf dafür keine Messlatte sein, und es ist auch niemand verpflichtet, *uns* glücklich zu machen. Das müssen wir selbst tun.

Vielleicht haben Sie dieses Buch gekauft, weil Sie nach dem Glück streben. Das ist gut, das sollten wir alle tun. Aber bitte, bitte gehen Sie es entspannt an. Unsere Wahrnehmung braucht Unglück, damit wir das Glück überhaupt erkennen können. Die Jagd nach dem Glück sollte uns nicht das Leben versauen. Und auch nicht das Urteilsvermögen. Denn glückliche Menschen sind großzügiger, kooperativer und netter – das ist schön für ihr Gegenüber, aber möglicherweise schlecht für Sie selbst. Tatsächlich wissen wir aus Studien, dass glückliche Menschen schlechtere Entscheidungen treffen. Sie geben in Verhandlungen schneller nach[6] und bemerken seltener, wenn sie betrogen werden.[7]

Dummerweise sieht man sehr glücklichen Menschen ihren Zustand oft schon an der Nasenspitze an. Deshalb werden sie eher ausgenutzt, zum Beispiel von Kollegen. Sie gelten als naiv, weil sie negative Aspekte ihres Lebens nicht genug wahrnehmen.[8]

Außerdem sollten wir nicht vergessen, dass Arbeiten manchmal einfach furchtbar ist. Der Tag beginnt mit Stau oder einer verspäteten Bahn, zieht sich über mies gelaunte Kollegen, überraschende Sonderaufträge, Kaffeeflecken, Computerprobleme bis hin zu Überstunden. Manchmal sind wir selbst die mies gelaunten Kollegen. Manchmal sind die Kollegen so gut gelaunt, dass sie nerven – überhaupt gehören immer glückliche Menschen zum Grauenvollsten, was es auf dieser Welt gibt, gleich nach Brokkoli und Zahnschmerzen. Es sind nicht alle Tage gut. Das muss so sein. Deshalb machen die guten Tage mehr Spaß.

Was Glück und Geld zu *Partners in crime* macht

Mehr Geld macht nicht dauerhaft glücklicher – es sei denn, es ist mehr Geld, als der Nachbar hat. Denn ja, wir vergleichen uns – und zwar die ganze Zeit. Wer fährt das schönste Auto, wer macht den besten Urlaub? Egal, ob es um Smartphones, Wohnungen oder den besten Tisch im Restaurant geht: Das Gefühl, nicht mithalten zu können, macht uns unglücklich. Neid ist eine Todsünde, die niemandem so sehr schadet wie uns selbst. Selbst das Glück des Lottogewinns empfanden wir nur, weil wir mehr Geld hatten, als vorher – dann jedoch tritt der zuvor erwähnte Gewöhnungseffekt ein.

Jahrelang rätselten Wissenschaftler über das »Easterlin-Paradox«: Der Ökonom Richard Easterlin hatte festgestellt, dass innerhalb eines Landes Menschen mit mehr Geld glücklicher sind als ärmere. Glücklicher mache also der Vergleich mit den direkten Nachbarn. International betrachtet sah das jedoch ganz anders aus: Im Laufe der Zeit profitierten die Menschen nicht davon, wenn ihr Land reicher wurde als ein Nachbarland. Easterlin erkannte, dass das Bruttoinlandsprodukt mit dem Glück der Menschen wenig zu tun hat. Selbst wenn es steigt, ändert sich das Durchschnittsglücksgefühl der Menschen nicht.

Heute geht man davon aus, dass der Nachbarschaftsvergleich zur Erklärung nicht ausreicht. Reiche Menschen in reichen Ländern sind noch immer glücklicher als reiche Menschen in armen Ländern. Der Psychologe Ed Diener benutzte als Indikator für das Glück nicht die Staatseinnahmen, sondern das Haushaltseinkommen.

Im World Happiness Report von 2016 stehen Dänemark, die Schweiz und Island an der Spitze. Österreich folgt auf Platz 12, Deutschland auf 16. Die Glücksminister der Vereinigten Arabischen Emirate (Rang 28), von Venezuela (Rang 44), Ecuador (Rang 51) und Bhutan (Rang 84) müssen definitiv noch nachlegen.

Die Wissenschaftler verglichen das Glück mit einer Treppe: Die Befragten sollten sich zehn Stufen vorstellen. Ganz unten sind sie unglücklich, ganz oben maximal glücklich.

Wo stehen Sie?

Das Problem dieser Treppe ist, dass wir zu oft denken, wenn nur ein bestimmtes Ereignis einträte, dann stünden wir gleich zwei Stufen weiter oben. Meistens funktioniert das nicht. Unser Gehirn mag am liebsten jene Argumente, die seine Thesen stützen, zum Beispiel: Wenn wir doch nur auf dem Land wohnen würden, wären wir viel entspannter. Der Straßenlärm wäre weit weg, unsere morgendliche Laufrunde würden wir über Felder drehen statt durch Häuserschluchten, und am Wochenende kämen die besten Freunde zu uns raus ins Haus am See. Pendeln? Das ist es wert. Was wir dabei jedoch ausblenden, sind Staus, verspätete Züge, Kontrollverlust über unsere Pendelzeit und ein schlechtes Gewissen, weil wir immer zu spät kommen *könnten* – selbst wenn es gar nicht eintritt.

Und wenn wir doch nur befördert würden! Endlich mehr Verantwortung, mehr Gestaltungsfreiheit. Wenn Sie zufällig so sind wie ich und wie jeder andere Mensch, dem ich je begegnet bin und der mir von seiner Arbeit erzählt hat, dann können Sie es sowieso besser als Ihr Chef. Das Unternehmen würde also nur profitieren. Und Sie hätten mehr Geld. Wenn das nur einträte, wie viel besser wäre das Leben? Allerdings müssten wir wahrscheinlich auch mehr arbeiten, frühmorgens E-Mails schreiben und bis spät am Abend noch beantworten. Also vielleicht doch eine Stufe wieder runter von der Treppe? Mit diesem System von Fehleinschätzungen und wie wir sie zu unserem Glück vermeiden können, haben sich Wissenschaftler ausführlich befasst, aber dazu mehr in Kapitel drei.

Menschen in Staaten, die Ende der 2000er Jahre härter von der Wirtschaftskrise getroffen wurden, waren vor diesem Crash deutlich glücklicher. Das ist nicht verwunderlich, denn der Verlust traf die Menschen, hinzu kam die Angst um ihre Jobs und die finanzielle Absicherung. Aufgefangen wurde dieser Effekt am besten in Staaten, in denen das Gemeinschaftsleben sehr ausgeprägt ist und die Menschen in der Krise zusammenrückten. Für die Autoren der Studie ist Gemeinschaft neben der Lebenserwartung und der Unterstützung aus dem sozialen Umfeld einer der drei wichtigsten Einflussfaktoren auf unser Glück. Familie und Freunde, Vertrauen und Mitgefühl sind die Aspekte unseres Lebens, die uns Kraft geben. In der Zusammenfassung des Happiness Reports von 2015 heißt es sogar: »Wenn diese sozialen Faktoren gut verankert und ohne Weiteres zugänglich sind, sind Gemeinschaften und Völker belastbarer, und sogar Naturkatastrophen können die Gemeinschaft stärken, indem diese in Antwort darauf zusammenwächst.«

Glück in der Gemeinschaft ist ja schön und gut, aber am Ende des Monats würden wir auch gern unser Gehalt auf dem Konto sehen. Doch für Industrienationen – solche, in denen die meisten Menschen genügend Geld für ihr Überleben haben – gilt nicht automatisch, dass *mehr* = *besser* ist. In Industrienationen schwankt das Einkommen der glücklichsten Menschen zwischen 60 000 und 150 000 Euro – je nach Kontext.

Warum das so ist, kann leicht erklärt werden: Ein zusätzlicher Euro macht einen Armen deutlich glücklicher als einen Reichen. Stellen Sie sich vor, Sie verdienten 1000 Euro netto im Monat und bekämen eine Gehaltserhöhung von 100 Euro netto – ein Zuwachs von 10 Prozent. Sie könnten Ihre Kinder zum Eis einladen, sich selbst eine neue Jeans kaufen und endlich den kaputten Toaster ersetzen.

Und nun stellen Sie sich vor, Sie verdienten 5000 Euro im Monat und bekämen die 100 dazu – plötzlich ist es nur noch ein Zuwachs von 2 Prozent, und mehr kaufen würden wir davon vermutlich auch nicht. Die Kinder sind oft genug Eisessen, mehr Jeans-Hosen braucht kein Mensch und ihren Toaster haben Sie nicht ausgetauscht, weil er kaputt war, sondern weil er nicht zum neuen Farbkonzept der Küche passte.

Vielleicht erinnern Sie sich auch, wie glücklich Sie als Kind über 20 Mark waren. 20 Mark aus dem Jahr 1996 entsprächen heute der Kaufkraft von knapp 14 Euro. Wenn ich die auf der Straße finde, dann freue ich mich. So überschwänglich wie die zehn Jahre alte Isabell wäre ich aber wohl nicht mehr.

Mein erstes Ausbildungsgehalt lag im Jahr 2011 bei ungefähr 1150 Euro netto – ich war begeistert, aufgeregt und glücklich, als es endlich auf meinem Konto landete. Im zweiten Monat habe ich mich auch noch gefreut, aber keine Luftsprünge mehr gemacht. Und irgendwann hatte ich mich daran gewöhnt, es kam ja schließlich jeden Monat wieder und meistens ausgesprochen pünktlich.

Geld ist eine Droge

Geld macht verdammt süchtig – und hat gleichzeitig einen starken Gewöhnungseffekt. Wenn es uns noch begeistern soll, dann muss der Wert ständig steigen – und zwar überraschend, sonst gewöhnen wir anspruchsvollen Wesen uns sogar noch an die regelmäßige Steigerung. Dazu kommt, dass, wann immer ein Mensch aufsteigt, ein anderer absteigen muss. Doch auch an eine Verringerung gewöhnen wir uns, wie das Beispiel von Damaris Rose zeigt, damals Doktorandin an der Universität Köln. Sie hat berechnet, dass Menschen, die »absteigen«, gar nicht so unglücklich sind, wie man es erwarten würde, obwohl sie im Vergleich mit ihren Nachbarn plötzlich weniger haben. Die Lebenszufriedenheit sank vor allem bei zuvor sehr reichen Menschen. Wer höher fliegt, schlägt härter auf.[9]

Der Glücksökonom Richard Layard hat seinen Studenten an der London School of Economics einmal vorgeschlagen, Einkommen stärker zu besteuern. Durch die Änderung der finanziellen Anreize wollte er die Menschen davon abhalten, immer mehr zu arbeiten. Wir hingegen gehen auf die Barrikaden, wenn Einkommen zu sehr besteuert werden. Unternehmen drohen, das Land zu verlassen, weil ihre Kosten steigen. Arbeitnehmer fühlen sich ungerecht behandelt. Wer kann, verlässt das Land und verdient woanders mehr. Es bleiben die, die nicht anders können, und die sind sauer. Man stelle sich einen solchen Vorschlag vor einer Bundestagswahl vor. Mehrheitsfähig? Wohl kaum.

Dabei hat der gute Mann vielleicht recht. Mehr Geld macht uns nicht zwingend glücklicher. Mehr Arbeit macht uns dagegen höchstwahrscheinlich unglücklicher.

Eine Bekannte aus meiner Abiturzeit sagte einmal, sie wolle gar nicht studieren und auch mit 25 Jahren noch nicht aus ihrem Elternhaus ausziehen. Sie mochte ihren mittelmäßig bezahlten Nine-to-five-Job, und von dem gesparten Geld reise sie um die Welt. Sie lag in Dubai am Strand, wanderte durch das griechische Bergland und feierte in den Hauptstädten Europas. Eine gute Art, seine Zwanziger zu verbringen. Ich war erst in der Uni und arbeitete dann 50 Stunden pro Woche in meinem ersten Job. Das Geld investierte ich in Kameras und passende Objektive, Reisen erschien meinem jüngeren Ich als zu vergängliche Freude. Ich wollte materielle Güter – auch Quatsch, aber das wusste ich damals noch nicht. Keine Ahnung, wie glücklich meine reisende Bekannte von damals heute ist, einige Jahre später als Hausfrau und Mutter. Aber ihr Glück im Job hat sie nie gesucht, und vielleicht ist das auch ein guter Weg.

Wenn Sie es lieber so anpacken wollen, dann hoffe ich, dass Sie noch in der Buchhandlung stehen. Klappen Sie dieses Buch zu, und kaufen Sie sich einen Reiseführer. Ich empfehle Yucatán, aber passen Sie auf die Mücken auf.

In diesem Buch werden wir stattdessen ein bisschen arbeiten und vor allem: lernen. Wir gehen zurück an die Universitäten, die Forschungsinstitute, die Thinktanks, und suchen unser Glück in den Jobs, die wir schon haben. Wir suchen das Glück in Neuronen und Synapsen und finden heraus, wie wir diese Körperfunktion stärken können – o ja, das geht.

Sie halten dieses Buch in den Händen, weil Sie noch hoffen können. Das ist gut, das mache ich auch. Ich schreibe dieses Buch, weil ich überzeugt bin, dass wir besser leben können. Es hat uns nur noch niemand beigebracht.

Wo die Menschen nach dem Glück suchten

»Die Weltgeschichte ist nicht der Boden des Glücks. Die Perioden des Glücks sind leere Blätter in ihr; denn sie sind die Perioden der Zusammenstimmung, des fehlenden Gegensatzes.«[10]

So sprach Georg Wilhelm Friedrich Hegel in seinen »Vorlesungen über die Philosophie der Geschichte«. Einer der Zuhörer schrieb eifrig mit, deshalb sind die Reden uns gut erhalten. Der deutsche Philosoph hielt sie ab 1822, nach einer Epoche von Kriegen in Europa. Von dieser Zeit sind seine Erkenntnisse geprägt, auch wenn er das wohl nicht gern hören würde, denn Hegels Anspruch an sich selbst war es, die gesamte Wirklichkeit, Gegenwart und Vergangenheit inklusive, vollständig zu erfassen und zu deuten. Klingt ein bisschen hochgegriffen? Keine Sorge, das ist auch nicht der Plan dieses Kapitels. Vielmehr will ich einen Blick in die Geschichte werfen. Menschen suchen nämlich schon ziemlich lange nach dem Glück, und sie sind auf spannende Ideen gekommen, die auch heute noch bedeutsam sind.

Finden wir unser Glück, wie in Hegels Philosophie gedacht, also in der Abwesenheit von Krise, Krieg und Streit? Das scheint mir ein bisschen zu einfach gedacht, doch Hegel spricht von ganzen Völkern, nicht von Individuen. Das wird nur klar, wenn wir den oft unterschlagenen ersten Teil des Zitats kennen: »Glücklich ist derjenige, welcher sein Dasein seinem besonderen Charakter, Wollen und Willkür angemessen hat und so in seinem Dasein sich selbst genießt.« Gemeint ist dieses längerfristige Glück, das ein bisschen so funktioniert wie Zufriedenheit, aber doch mehr ist. Ich würde Hegels Idee sogar auf ganze Abteilungen und Firmen anwenden wollen. Völker, da bin ich bei ihm, sind am glücklichsten, wenn es sonst wenig Berichtenswertes gibt. Dummerweise ist das kein besonders stabiler Zustand.

Glück in der Masse zu suchen, ist nicht so einfach

Fangen wir also mit dem Glück des Einzelnen an. Psychologen und Neurologen haben Jahrzehnte damit verbracht, das Grauen unserer Existenz zu erforschen. Angst, Gewalt, Hass und Selbsthass, Hysterie, Melancholie. Früh wurde Wissenschaftlern klar, dass alles im Gehirn beginnt. Daher wurden Patienten lobotomiert und elektro-geschockt, zeitweise durchschnitten ihnen Wissenschaftler sogar zentrale Hirnregionen auf der Suche nach dem, was ihnen ihren Seelenfrieden stahl. Erst im späten 20. Jahrhundert änderten die Forscher die Richtung. Sie begaben sich auf die Suche nach dem Glück. Und heute sind es schon richtig viele. Namhafte Universitäten haben Zentren und Institute gegründet, darunter die amerikanische Elite-Universität Berkeley mit dem Greater Good Science Center, von dem ich viel gelernt habe.

Doch die Psychologie ist ziemlich spät dran. Die Idee, dass wir im Leben glücklich werden können, die ist älter. Die Ersten, die nach dem Glück fragten, waren die Philosophen. Und was die vor 2000 Jahren erdachten, ist heute von vielen anderen Disziplinen bestätigt worden.

Wir alle wollen glücklich sein, befand schon Platon in der griechischen Antike. Sein Schüler Aristoteles berichtete über ihn, dass Platon als Erster gelehrt hat, wie man gut und glücklich zugleich sein kann. Schon zu dessen Lebzeiten rund 400 Jahre vor Christus galt etwas, das heute in jeder Frauenzeitschrift steht: Wir suchen unser Glück an der falschen Stelle. Das Streben nach Reichtum, Wohlstand, Lust und Leidenschaft mache die einen zu Sklaven, die anderen würden durch Ehrgeiz und Machtstreben allenfalls zu guten Soldaten, Sportlern oder einfach nur zu Strebern. Dann sind sie vielleicht erfolgreich, wohl aber kaum glücklich.

»Nur die kühle Vernunft gewährleistet das echte Glück, weil nur sie den Weg der Wahrheit geht«, fasste der Philosophie-Historiker Johannes Hirschberger zusammen.[11] Das klingt nach Stress. Nach dieser Prämisse wäre das kurze Glück, dieser Moment der unvernünftigen Freude über Schokoladenkuchen oder neue Schuhe, nichts mehr wert. Aber vielleicht ist an dem Gedanken etwas dran. Wir wollen glücklich sein, am Ende zurückblicken können, und ein glückliches Leben gehabt haben. Niemand trauert dem nicht gegessenen Schokoladen-Karamell-Riegel nach, und wer zu strebsam ist, der verpasst das Leben, das er abseits seines Schreibtisches haben könnte. Wir bereuen jene Momente, in denen wir uns mit einer Decke aufs Sofa verkrochen haben, statt Zeit mit Freunden und unseren Liebsten zu verbringen. Ausdrücke wie *Kühle Vernunft* lesen sich wie etwas Schlechtes. Aber vielleicht sollten wir etwas nutzenorientierter an die Fragen des Glücks herangehen: Soll ich meiner Freundin Sofia absagen, weil ich heute müde bin und irgendwie nörgelig? Oder wird sie mich mit einem Becher Kakao und ihren neuesten Flirt- und Chaosstorys nicht erst in Schwung bringen und dann aufheitern? Glauben wir der Sozialpsychologie, ist das ziemlich wahrscheinlich. Und weiter gedacht: Wenn ich mir diese Frage in zehn Jahren noch einmal in der Rückschau stellen würde, was dann? Dann würde ich den aus Bequemlichkeit verpassten Momenten wohl eher nachtrauern. Auf einmal klingt *kühle Vernunft* wie eine verdammt vernünftige Idee. Gibt es hier einen Zielkonflikt? Nein, sagt die Psychologie. Heute ist es unter anderem das Sozialleben, das uns glücklich macht. Kurzfristig (jedenfalls sobald wir es vom Sofa hoch geschafft haben) und auch langfristig.

Religion und Frömmigkeit als Glücksstrategien spielten bei Platon eine große Rolle. Heute gibt es widersprüchliche Daten dazu. Je nachdem, wer forscht – wie das in der Forschung halt manchmal so ist. Eine recht aktuelle Studie aus Großbritannien befand, dass Atheisten die unglücklichsten unter allen Befragten waren.[12] Am glücklichsten waren Hindus und Christen. Deutsche Wissenschaftler bezweifeln jedoch, dass der Effekt allgemeingültig ist: Nur wenn Religion, die Frömmigkeit des Einzelnen, in einer Gesellschaft angesehen ist, seien Gläubige glücklicher.[13] Das passt zu Befunden in anderen Disziplinen. Anerkennung ist etwas, das uns auf der Suche nach dem Glück immer wieder begegnen wird, gerade wenn wir es in unserem Job suchen. Diese Erkenntnisse sind erste Hinweise darauf, wie wichtig ein stabiles soziales Umfeld ist und schon immer war.

Anerkennung bekommt auch, wer viel weiß. Und das Wissen, »die ewigen Ideen«, nennt Platon ein probates Hilfsmittel zum Glück. Das passt mir sehr gut ins Bild – ebendiese These vertrete ich mit diesem Buch auch. »Ignorance is bliss«, sagt ein britisches Sprichwort, Ignoranz ist Glückseligkeit. Doch dieses Glück der Ignoranz ist zerbrechlich, schreibt Platon. Jederzeit könnten wir mit Wissen geschlagen werden, das uns aus unserem Glück reißt. Wissen über das Glück hingegen kann uns weiterhelfen.

Heute wissen wir, wie eng das Lernen mit dem Glück verknüpft ist. Wenn Dopamin ausgeschüttet wird, können unsere Gehirnzellen besser kommunizieren, die Verbindungen stärken sich. Andersherum: Wer um die positiven

Auswirkungen einer Tätigkeit weiß, dem nutzen sie noch mehr. Das haben Psychologen herausgefunden, indem sie unsportliche Menschen zum Sport zwangen und sie dadurch allen Ernstes glücklicher machten. Das funktionierte sogar noch besser, wenn sie den Teilnehmern vorher sagten, dass Sport gesund und glücklich macht.

Allerdings ging es den alten Philosophen vor allem um die geistige Tätigkeit. Vor der »banausischen Arbeit«, wie Handwerker und Geschäftsleute sie zu verrichten haben, wollte Platons Schüler Aristoteles uns dagegen schützen, denn edle Geburt, Reife und Sorglosigkeit sollten zum Glück führen.

Schauen wir uns das doch einmal genauer an. Die von Aristoteles kritisierten Geschäftsleute sind genau jene Schreibtischtäter, die wir nie werden wollten und viele von uns doch geworden sind. Heute versuchen sich Büroarbeiter der Gegenwart zum Ausgleich als Hobby-Handwerker, zum Beispiel als Tischler, Floristen oder Töpfer – auf der Suche nach ihrem Glück.

Yolo – You Only Live Once

Wenn es nach dem alten Aristoteles geht, stehen die meisten von uns allerdings vor einem Problem. Eine edle Abstammung lässt sich leider nicht für jeden herbeizaubern, Sorglosigkeit ist realitätsbedingt meistens einfach nicht drin, bis zur Reife möchte ich auf gar keinen Fall warten und überhaupt kam mir das Leben als Kind doch deutlich glücklicher vor: Ein Eis, ein neues Buch, mein Superheldinnen-Geisterumhang – mehr brauchte es nicht. Der Literatur-Nobelpreisträger George Bernard Shaw sagte:»Jugend ist das Wunderbarste, was es auf der Welt gibt – wie schade, dass sie an Kinder verschwendet wird.« Oder wie Robbie Williams sang:»Youth is wasted on the young.«

In Bezug auf andere Faktoren hat Aristoteles aber durchaus recht. Auch die heutige Wissenschaft bestätigt: Wir wollen Anerkennung, Freunde und Familie, ein geselliges Leben und eine gepflegte Kultur. Wenn Kultur auch bedeuten kann, nach Feierabend mit Gemüse auf dem Grill und Himbeeren im Sektglas auf dem Balkon zu sitzen, dann bin ich da ganz bei ihm.

In der Antike suchten Philosophen allerdings eher nach dem *objektiven Glück*. *Eudaimonie* war das Ziel, ein richtiges und gutes Leben nach ethischen Grundsätzen. Die Stoiker suchten »das wahre und einzige Glück« in der Tugend, schreibt Hirschberger[14], »Tugend aber ist Gesetzestreue, Pflichtbewusstsein, Überwindung und Entsagung, ständige Strenge und Härte gegen sich selbst«.

Das klingt für heutige Ohren befremdlich. Mehr Regeln sollen glücklich machen? Wenn das Glück ist, dann: Nein, danke.

Natürlich, Chef und Regierung hätten gewisse Möglichkeiten zum Glück: ein besseres Arbeitsklima und eine Politik, die sich am Glück der Menschen statt an den Depots der Dax-Investoren orientiert. Doch so einfach ist es nicht. Und auch, wenn die Staaten Bhutan, Ecuador, die

Vereinigten Arabischen Emirate und Venezuela Glücksminister haben – wir sind selbst für uns verantwortlich.

Allein schon deshalb, weil Abhängigkeit einer der stärksten Unglücksfaktoren in unserem Leben ist. Es gibt kein Recht auf Glück, und gäbe es eines, würde uns das auch wieder unglücklich machen, weil es so schwer zu erfüllen ist.

Glück ist Privatsache

Platon schlug eine ideale Regierung vor. Sie sollte ein Eudaimon sein, eine Macht, die ihre Bürger zum guten Leben anregt. Heutige Liberalisten winken entsetzt ab: Paternalisten sollen entscheiden, was gut ist und was uns glücklich macht? Das klingt wie das Gegenteil von Freiheit, und ohne Freiheit ist im Liberalismus kein Glück denkbar. Andere, wie die Ökonomen Richard Thaler und Cass Sunstein, können diesem Konzept durchaus wieder etwas abgewinnen: Zu viel Freiheit mache auch wieder unglücklich, argumentieren sie. Denn wer sich zwischen zwei Alternativen entscheiden muss, der muss auch nur diese zwei prüfen. Wir hingegen sollen aus 118 deutschen Krankenkassen wählen, fast 2000 Banken und zwei Dutzend Nudelsorten – das ist die Kehrseite der Multioptionsgesellschaft.

Doch schauen wir noch kurz zurück auf die Entwicklung der Glücksforschung, bevor wir uns weiter der Gegenwart widmen.

Nach der Zeit der großen Philosophen geriet die Suche nach dem Glück irgendwie in Vergessenheit. Vielleicht waren die Menschen mit dem Mittelalter, Ablassbriefen und der industriellen Revolution beschäftigt. Jedenfalls passierte sehr lange nicht sehr viel, bis sich endlich einige Menschen leisten konnten, melancholisch zu sein. Diese Schwermut findet sich in Texten des 17. Jahrhunderts wieder. Die frühen Psychologen im 19. Jahrhundert fragten dann nach der Gewalt, dem Verbrechen, der Depression, der Hysterie und nach der Lust – allerdings eher als zu kurierende Sünde, schade eigentlich. Das war vermessen, denn Lust, Vergnügen, sinnliche Begierde sind Teil dessen, was wir heute unter Glück verstehen. Psychologen raten streitenden Paaren, erst einmal die körperliche Nähe wiederherzustellen. Ganz im Sinne des Hedonismus, wie ihn Aristippos von Kyrene verstand. Er suchte stets nach einem gänzlich von Lust bestimmten Augenblick. Ein subjektives Glück und ein kurzes Vergnügen, ganz im Gegensatz zum glücklichen Leben, nachdem wir insgesamt streben.

Die Wahrheit liegt irgendwo in der Mitte, das Glück vermutlich auch. Und vielleicht weniger in den philosophisch stark abgegrenzten Begriffen, sondern in der empirischen Glücksforschung. Erst in der Mitte des 20. Jahrhunderts fragten Wissenschaftler nach der Positiven Psychologie.[15] In den 1990er Jahren begann endlich der Forschungshype. Wissenschaftler wollen heute nicht mehr nur behandeln, was krank und unglücklich macht. Sie wollen das Wohlbefinden der Menschen steigern, aller Menschen.

»Alles ist gut. Alles«, schrieb der russische Schriftsteller Fjodor M. Dostojewski in seinen »Dämonen« im Jahre 1873.[16] »Der Mensch ist unglücklich, weil er nicht weiß, dass er glücklich ist. Nur deshalb. Das ist alles, alles! Wer das erkennt, der wird gleich glücklich sein, sofort, im selben Augenblick.«

Und? Geht's Ihnen jetzt super?

Bei mir hat das leider nicht funktioniert, positives Denken hat einfach seine Grenzen – meine liegt zwischen Schreibtisch und Bankkonto. »Arbeit ist die beste Psychotherapie«, schreibt der moderne Philosoph Richard David Precht[17], denn »Arbeit ist etwas, das uns zwingt, aktiv zu sein, und die meisten Menschen brauchen diesen Druck, um hinreichend viel zu tun«. Precht begründet das damit, dass Menschen zum Glück eine Herausforderung an ihre Gehirne benötigen. »Geistiger Stillstand macht schlechte Laune.«

Das ist wahr und durch Studien hinreichend belegt. Doch mit dem Glück der Arbeit kommt allzu oft das Unglück der Fremdbestimmtheit. Karl Marx hatte durchaus recht mit seinem Vorwurf, die Produktionsverhältnisse widersprächen den Produktivkräften der Menschen. Einfacher gesagt: Die Arbeitsbedingungen passen nicht zu uns. Damals, in der Mitte des 19. Jahrhunderts, bedeutete das, dass ein Mensch zum Bau einer Webmaschine gemacht war – und nicht nur zum Geradeziehen hunderter Nägel, ohne die Aussicht, je einen einschlagen zu dürfen. Die Menschen verbrachten ihre Tage an den Fließbändern der neu entwickelten Fabriken. Das Produkt ihrer Arbeit sahen sie nie – und auch nicht den Gewinn, den die Firma mit ihrer Arbeit machte.

Heute schicken wir Roboter in die Fabriken und Menschen in den Vorruhestand. Das erzeugt eine Übergangsphase, die ein Problem löst und ein neues schafft: Precht merkte zu Recht an, wie elementar Arbeit für unser Glück ist. Wer arbeitet, der hält seinen Geist beschäftigt. Das stiftet unserem Leben einen gefühlten Sinn und hält vom Grübeln ab. Und Grübeln, das beobachten Neurologen in ihren Gehirnscannern, macht uns unglücklich. In der Regel, weil sich unser Gehirn, wenn es keine Probleme hat, gern mal welche ausdenkt. Man muss ja auch vorbereitet sein.

Keine Arbeit ist auch keine Lösung

Wir sind nicht für die Untätigkeit gemacht, weder unsere Wirbelsäulen noch die Gehirne. Deshalb schreibe ich auch keinen »So kündigen Sie Ihren Job und leben glücklich bis an Ihr Lebensende«-Ratgeber. Finanziell wäre ich da eh keine gute Ratgeberin. Und die Chancen stehen gut, dass es auch gar nicht funktioniert. Die Philosophie, die Psychologie, die Neurologie lehren uns unisono: Keine Arbeit ist auch keine Lösung.

Erledigt ist Marx' Szenario auch nicht, wenn wir Menschen aus Fabriken in Büros befördern und sie statt körperlicher Arbeit geistig aktiv sein lassen. Ganz im Gegenteil, seine Lehre erfährt eine unerwartete Aktualität. Auch heute ist der Verlust der Entscheidungsfreiheit ein Problem, das moderne Arbeitnehmer belastet. Eine Freundin von mir gestaltet Schaufenster in London: Sie drapiert feine Stoffe auf Schaufensterpuppen und pustet im Herbst Plastikblätter in den Raum. Sie behängt zu Weihnachten einen Baum mit rustikalen Ketten und Lederschlingen, im Frühling stellt sie Blumen auf, in Pastell oder Neon oder Schwarz der jeweils neuesten Kollektion.

Traumjob? Sie fühlt sich immer häufiger nur wie die ausführende Gewalt ihrer Vorgesetzten oder unbekannter Designer, denen sie nie begegnet ist und die auf keinen Fall je von ihr gehört haben.

Unter Menschen, die ihren Job kündigten, suchten einer Befragung zufolge 66 Prozent nach mehr Verantwortung, mehr Entwicklungsmöglichkeiten und Freiheit.[18] Und Jahr um Jahr steigt die Zahl der Unternehmensgründer, die auf der Suche nach Autonomie, Kompetenz und sozialer Eingebundenheit sind, jener Kombination von Faktoren, die Menschen positiv motiviert und die das Gegenteil von optimierten Prozessen und standardisierten Lösungen darstellt. Im Versuch, die volle Kontrolle in ihren Unternehmen zu halten, vergraulen Konzerne ihre kreativsten Mitarbeiter. Und damit sind wir in der Gegenwart angekommen, und bei ihren neuen Herausforderungen. Wir haben da nämlich noch dieses Problem mit der Reizüberflutung. Ständig schreit irgendetwas oder irgendjemand nach unserer Aufmerksamkeit.

In einem Spiegel-Interview erklärte der Philosoph Matthew B. Crawford, dass er Aufmerksamkeit als eine endliche Ressource ansehe.[19] Das glauben nicht nur Philosophen. Auch Psychologen und Neurowissenschaftler nehmen sich dieser These an. Ihrer Meinung nach ist unsere Aufmerksamkeit eng verknüpft mit den Fähigkeiten zu Konzentration und Selbstkontrolle. Beuten wir unsere Ressourcen zu sehr aus, brauchen sie lange, um sich zu erneuern. Deshalb fällt uns entspanntes Lesen nach so manchem Arbeitstag schwer, so dass wir uns lieber vor den Fernseher setzen. Und deshalb brauchen wir nach einer langen Autofahrt erstmal ein bisschen Ruhe, bevor wir wieder die Geduld für unsere Lieben aufbringen.

Crawford hat ein Buch über unsere Aufmerksamkeit geschrieben, »Die Wiedergewinnung des Wirklichen«[20]. Er argumentiert darin, dass unsere Aufmerksamkeit nur uns allein gehöre – wir sollten sie verteidigen. Es ist Crawfords zweites Buch, sein erstes (»Ich schraube, also bin ich«) hatte ihn bereits weltweit bekannt gemacht. Er verbindet darin seine großen Leidenschaften: die Philosophie und seine Arbeit in seiner Motorradwerkstatt. Und ausgerechnet der Erfolg seines Buches brachte einen Großangriff auf Crawfords Ressourcen mit sich: Er begann, rund um die Welt zu reisen und Vorträge und Lesungen über seine Bücher zu halten. Doch ausgerecht der damit verbundene Stress führte ihn weit weg von dem, was ihn glücklich machte. Wenn der moderne Mensch nach Glück suchen will, dann muss er Augen und Ohren verschließen. Dem »Spiegel« sagte Crawford: »Ich war erstaunt, wie viel

Mühe es kostet, einen Moment für sich zu erkämpfen.«
Vielleicht sind wir also tatsächlich eine Festung, die wir
verteidigen sollten? Wenn die Welt uns mit ihren Reizen
überflutet, vielleicht liegt das Glück dann in uns selbst?
Vielleicht sollten wir uns alle in Meditation üben. Das
funktioniert für viele Menschen: Augen schließen, auf den
eigenen Atem hören, Gedanken ziehen lassen wie Schäfchenwolken über einem pastell-blauen Himmel, nicht urteilen. Die Welt muss draußen bleiben, und die düsteren
Gedanken sind nur zu Gast.

Die Zukunft können wir verändern, aber die Gegenwart müssen
wir erst einmal nehmen, wie sie ist

Crawfords Methode ist das Schrauben: Er repariert Motorräder, das fordert seinen Kopf und seine Hände gleichermaßen. Das bedient ein Gefühl, gegen das schon
Marx und Engels aufbegehrt hatten. Crawford sagte der
Journalistin Kerstin Kullmann: »Was viele Menschen vermissen, ist die Erfahrung, zu handeln und den Effekt der
eigenen Handlung zu spüren. Zu sehen, dass das, was man
tut, Wirkung hat.« In seiner Werkstatt arbeitet er konzentriert und über Werkzeug und Maschine mit seiner Umwelt verbunden. Nur er selbst wählt, was er an sich heranlässt. Und das ist vielleicht der nächste Schritt auf der
Suche nach dem Glück: glücklich in und mit der Welt, in
der wir leben. Auch wenn wir sie auf dem Weg dahin erst
einmal ausschließen müssen.

Was die Risiken und Nebenwirkungen von Glückskeksen sind

»Du darfst niemals vergessen: Deine Wahrnehmung bestimmt deine Realität.« Diesen Satz sagt der Jedi-Ritter Qui-Gon Jinn zum noch sehr kleinen Anakin Skywalker in dem Film »Star Wars, Episode 1« einige hundert Filmminuten, bevor Anakin zum bösen Darth Vader wird. Und dieser Gedanke ist ziemlich modern: Wir schreiben unseren Gedanken die Kraft zu, unsere Wahrnehmung zu verändern und damit unser ganzes Leben. Alles wird besser, wenn wir nur positiv denken. Doch so schlüssig diese Idee ist, so naiv ist sie: Wenn wir kraft unserer Gedanken glücklich sein könnten, wieso klappt das dann nicht? In dunklen Stunden lautet die naheliegende Antwort: Wer es nicht schafft, dessen Gedanken waren nicht stark genug. Schon wieder dieses Versagens-Ding. Jedes Lebewesen hat ein Talent, und wir Menschen sind super darin, uns selbst fertigzumachen. Und dann haben die Gedanken wirklich verdammt viel Kraft. Nur halt die falsche. Wir sollten unsere inneren Stimmen also etwas besser kennenlernen.

Denken wir als Beispiel an eine Freundin, die einmal im Monat so unter ihren Menstruationsbeschwerden leidet, dass sie launisch und ungerecht gegenüber anderen wird. Ein Blick in den Kalender sagt uns: Wahrscheinlich fällt ihre Reaktion so heftig aus, weil ihr Körper sie gerade quält. Nehmen wir es ihr also nicht übel. Genauso müssen wir es mit unseren eigenen Gedanken halten. Wenn wir einmal mehr arbeiten müssen als sonst oder uns im Büro jemand kritisiert, werden wir sauer, weil unsere Gedanken uns sagen, dass dies ungerecht sei. Die inneren Stimmen drehen am Rad, sobald die Digitaluhr auf eins in der Nacht springt und wir zu wenig Schlaf für den nächsten Tag kriegen. Sie reden auf uns ein, sobald jemand etwas Kritisches sagt. Zeit für eine Gegenrede! Es ist noch keiner gestorben, weil er nur fünf Stunden Schlaf hatte und die Kritik ist noch lange keine Kündigung. Zwingen wir also unseren Kopf dazu, die Füße stillzuhalten, und schon nehmen wir ganz normale Dinge ganz anders wahr.

Gegen die negativen Gedanken anreden

Wenn die Wahrnehmung die Realität bestimmt und die Gedanken die Wahrnehmung beeinflussen, dann können die irren Stimmen einem ganz schnell den Tag versauen. Dabei haben besonders unsere Erwartungen großen Einfluss auf die Wahrnehmung. Die alte Binsenweisheit lautet: Wer nichts erwartet, der wird auch nicht enttäuscht. Doch so einfach ist das nicht. Entgegen der langläufigen Meinung gibt es keinen Automatismus, den wir einfach überlisten können. Befürchtungen und Sorgen führen vielleicht zu einer positiven Überraschung, beim Zahnarzt zum Beispiel, oder vor einer Party mit vielen Fremden. Sie können uns aber auch so negativ einstellen, dass wir Schmerzen stärker wahrnehmen und uns von den neuen Leuten auf der Party absondern und allein bleiben. Eben so, wie wir es erwartet hatten.

Die gleichen Mechanismen treten auch bei Urlauben ein: Große Erwartungen führen zu einer Enttäuschung, wenn der Meerblick doch eingeschränkt ist, der Pool zu klein und die anderen Gäste zu laut. Aber vielleicht reden wir uns die Bettenburg einfach schön, damit wir nicht enttäuscht sein müssen? Geistige Hygiene nennt man das. In jedem Fall haben die Erwartungen einen Einfluss darauf, wie wir die Tatsachen hinterher wahrnehmen. Wie dieser Einfluss aussieht, das können wir lange nicht so gut vorhersagen, wie wir es gern behaupten.

Weil wir ständig geistige Hygiene betreiben, verändern Glückskekse oft unsere Wahrnehmung, und Horoskope treffen oft überraschend gut zu. Heute, also an dem Heute, an dem ich diese Seite schreibe, steht zum Beispiel der Mond in den Fischen. Weil mein Sternzeichen Stier ist, bin ich am Vormittag besonders kreativ, sagt mir die Astrologie. Heute Abend soll ich die Weihnachtsdeko wegräumen, weil ich sie nicht mehr sehen kann. Was also tut mein Gehirn? Es bewundert seine eigene Kreativität an diesem grauen Vormittag und feiert jeden neuen Satz. Und die Weihnachtsdekoration? Ja, die ist nun wirklich fällig.

Was wir aus einer Weissagung machen, hängt vom Charakter ab — aber auch davon, wie wir das Erlebte hinterher reflektieren. Wie beim halbvollen oder halbleeren Wasserglas hängt die Bewertung glücklicher oder unglücklicher Zeiten oft davon ab, wie eine Geschichte erzählt wird. War der Urlaub wirklich nur eine Verkettung anstrengender Katastrophen? Oder deuten wir das Erlebte um und ernten mit heiteren Geschichten großes Gelächter in der nächsten Mittagspause? Wie wir die Geschichte erzählen, entscheidet alles.

Ein Beispiel: Die Autopanne einer früheren Studentin von mir – ohne Telefon mitten in einer Wüste – sorgte im Seminar für viel Heiterkeit. Sie hatte im Urlaub ihr Telefon verloren und das ihrer Freundin kurze Zeit später auch – das allein ist schon eine Geschichte. Ein ziemlich teurer Spaß und ein verdammt ungewohntes Gefühl in einer Gesellschaft, die sich mit Smartphones durchs Leben schlägt. Sie fuhren alleine los, und natürlich streikte plötzlich ihr Auto weitab der Zivilisation. Erst Stunden später kam jemand vorbei und erlöste die beiden. Sie lachen heute darüber, es ist eine tolle Party-Geschichte. Aber man kann sie auch anders erzählen, als eine Erzählung von Wut und Versagen, von Unsicherheit und Angst.

Geschichten zu erzählen macht uns glücklich

Selbst wenn es Geschichten von Verlust und Trauer sind, können wir sie ins Humorvolle drehen – und erweisen uns selbst damit einen großen Dienst. Das hat der Psychologe James Pennebaker herausgefunden.[21] Er beobachtete etwas eigentlich sehr Alltägliches: Manche Menschen bewältigen traumatische Erlebnisse besser als andere. Pennebaker wollte wissen, warum das so ist. Warum erleben viele Menschen Traumatisches, ohne psychische und physische Schäden zurückzubehalten? Die Hälfte aller Menschen, die einen geliebten Angehörigen verloren haben, trauern zwar, bleiben psychisch aber gesund. Gut 65 Prozent aller amerikanischen Veteranen zeigen niemals Symptome einer posttraumatischen Belastungsstörung. Einige Überlebende von Autounfällen sahen die Ereignisse immer wieder vor sich, andere konnten wieder ohne Angst fahren. Auch einige Vergewaltigungsopfer schaffen es, sich wieder zu erholen. Pennebaker war neugierig geworden. Es musste einen Unterschied geben zwischen Menschen, die nach einem traumatischen Erlebnis psychisch erkranken, und denen, die sich wieder erholen. Was machen sie anders? Und kann das jeder machen?

Ein erster Hinweis schien das soziale Netz der Betroffenen zu sein. Wer eine intakte Familie hatte oder einen fürsorglichen Freundeskreis, dem ging es besser. Aber warum? Pennebaker und seine Kollegin Sandra K. Beall suchten die Erklärung in der Aufarbeitung der Ereignisse. Vielleicht fällt es bestimmten Menschen leichter, ihre Gefühle auszudrücken. Dann könnte den anderen damit geholfen werden, dass sie ihre Erlebnisse zu Papier bringen. In einem ersten Experiment ließ er 46 Studenten über traumatische Erlebnisse schreiben. Sie sollten nicht nur das Erlebnis an sich wiedergeben, viel wichtiger waren ihre Gefühle dabei: Schmerz, Schuld, Trauer, Machtlosigkeit. Gefühle, die die meisten Menschen eher ungern mit anderen teilen. Gefühle, die sich die meisten Menschen auch eher ungern eingestehen.

Eine Kontrollgruppe schrieb über Belangloses. Es war ein kurzer Versuch: Nur an vier Abenden fand die Schreibübung statt, sie dauerte jeweils 15 Minuten. In den folgenden sechs Monaten führte er Buch darüber, wie oft die Studenten das Gesundheitszentrum der Universität besuchten. Ergebnis: Wer über die traumatischen Ereignisse berichtet hatte, der besuchte die Ärzte anschließend seltener. Besuche wegen Erkältung und Migräne waren bei der Zählung übrigens eingeschlossen, und die Teilnehmer nahmen auch weniger Aspirin als ihre Kollegen aus der Kontrollgruppe.

Diesem kleinen Experiment folgten zwei Jahrzehnte Forschung, bis schließlich viele Wissenschaftler in ihren eigenen Versuchen mit Kindern und Alten, mit Studenten und Insassen von Hochsicherheitsgefängnissen die Ergebnisse bestätigten. Das war selten einfach für die Teilnehmer. Es flossen Tränen, als die dunklen Gefühle an die Oberfläche kamen. Aber es ging den Menschen auch besser. Sie empfanden das Experiment als wertvoll und bedeutsam für ihre eigene Entwicklung. Und übrigens ist der Effekt körperlich messbar: Blutdruck und Herzschlag fallen. In einer Studie hatten Patienten mit Posttraumatischer Belastungsstörung einen niedrigeren Cortisolspiegel, wenn sie erneut mit ihrer Erinnerung konfrontiert wurden. Cortisol ist ein Stresshormon und wird ganz korrekt »Hydrocortison« genannt. Es zu verteufeln wäre falsch. Wir brauchen es zum Leben, unter anderem hemmt es Entzündungen im Körper. Bei Stress wird es ausgeschüttet, um uns Energie zu geben. Auf die Dauer schadet das jedoch unseren Organen. Deshalb nutzt man Cortisol als Biomarker, also als Hilfsgröße, um Stress zu messen.

Stellen wir uns unseren Gefühlen

Es lohnt sich also, wenn wir uns unseren Gefühlen stellen – sowohl schriftlich wie auch im Gespräch mit anderen. Erst wenn wir sie uns eingestehen, können wir wirklich gut mit ihnen umgehen – und sie überwinden. Egal, wie schmerzhaft eine Erinnerung ist. Egal, ob wir Schuld tragen oder zu Opfern wurden: Wer Leid mit sich rumträgt, der hat stärkere Schmerzen – schadet sich damit also im Nachgang auch noch selbst, wenn er die Aufarbeitung ablehnt. Um das herauszufinden, hat die Psychologin Joanna McParland ihre Probanden die Hände in eisiges Wasser stecken lassen.[22] Sie sollten den Schmerz einschätzen, den sie empfanden. Danach sprachen sie mit einem Teil der Probanden über negative Erlebnisse, zum Beispiel unfaire Behandlung in der Familie oder am Arbeitsplatz. Anschließend mussten die Teilnehmer ihre Hand noch einmal ins Wasser stecken. Wer vorher über Unrecht gesprochen hatte, der empfand Schmerz und Angst nun stärker. Die Forschung in diesem Bereich steht erst am Anfang. Doch es gibt aus vielen Fachbereichen deutliche Signale dafür, dass negative Emotionen und Erinnerungen uns krank machen.

Diesen Einfluss unserer Gedanken auf Wahrnehmung und Wohlbefinden können wir uns auch zunutze machen. Wir sind manipulierbar, jeder von uns. Dahinter steckt etwas, das Verhaltenswissenschaftler »Framing-Effekt« nennen. In ihrem Buch »Nudge«[23] geben Cass Sunstein und Richard

Thaler das Beispiel einer Operation: Ein Patient sitzt beim Arzt und muss wegen einer schweren Krankheit operiert werden. Der Arzt sagt: »Fünf Jahre nach der Operation sind 90 von 100 Patienten noch am Leben.« Das nennt man »Gain-Framing«, denn die Botschaft wird in einem Gewinnrahmen verpackt. Der Patient denkt sich: *Super, legen wir los.* Was aber, wenn der Arzt sagt: »Fünf Jahre nach der Operation sind 10 von 100 Patienten tot.«? Das klingt plötzlich bedrohlich, obwohl der Inhalt derselbe ist: In 90 Prozent der Fälle leben die Patienten fünf Jahre nach der Operation noch, in 10 Prozent der Fälle nicht. Letztere Formulierung bezeichnet man als »Loss-Framing«, den Verlust-Rahmen. Auch dieser Stil kann nützlich sein, denken wir zum Beispiel an die Schockbotschaften auf Zigarettenschachteln.

Es gibt nicht nur *Framing*, es gibt auch noch *Anchoring*, sozusagen Anker zu setzen. Das Phänomen entdeckten Amos Twersky und Daniel Kahnemann, als sie Menschen miteinander verhandeln ließen.[24] Stellen Sie sich vor, Ihr Nachbar würde Sie bitten, zweimal in der Woche seinen Rasen mitzumähen. Wie viel würden Sie dafür verlangen? Sie müssen dafür den Rasenmäher über den Bürgersteig zu ihm rüberschieben, dort nochmal 45 Minuten ackern und dann wieder zurück. Haben Sie eine Summe im Kopf? Wenn Ihr Nachbar mit der ökonomischen Theorie vertraut ist, dann macht er Ihnen das erste Angebot. Was halten Sie von fünf Euro? Vermutlich hatten Sie sich ein bisschen mehr vorgestellt, also machen Sie ein Gegenangebot. Und jetzt seien Sie ehrlich: War Ihr Gegenangebot niedriger als Ihre ursprüngliche Vorstellung? Deutlich niedriger? Tja. Das ist Anchoring. Der Anker-Wert des Nachbarn hat Ihre Einschätzung beeinflusst. Und die genannte Zahl muss noch nicht einmal irgendwas mit tatsächlichen Lohnvorstellungen zu tun haben, fanden Twersky und Kahnemann heraus: Selbst wenn die Anchoring-Zahl von einem Glücksrad kam, das die Testperson selbst gedreht hatte – es funktionierte.

Geschickte Verhandler setzen durch eine Summe schon mal eine Größenordnung fest. Und das funktioniert in allen Lebenslagen. Wer in einer Redaktion vier Texte pro Tag liefern soll, dem dürfte es ziemlich schwerfallen zu sagen, dass er lieber einen Text in vier Tagen schreiben würde. Wer pro Stunde 100 Hühner ausnehmen soll, der wird wohl kaum vorschlagen, nur 50 zu bearbeiten, auch wenn er so die Qualität seiner Arbeit deutlich verbessern würde, von seinem eigenen Arbeitsglück ganz zu schweigen. Und wer seinen Umsatz auf Wunsch der Geschäftsführung in jedem Jahr um 25 Prozent steigern soll … nun, ich denke, die Idee ist klargeworden. Anchoring führt dazu, dass wir ein Angebot akzeptieren, das uns unglücklich macht. Mit Zahlen wird im Arbeitsleben sehr viel Unsinn getrieben, wie das Setzen unerreichbarer Ziele oder solcher, bei denen die Qualität leiden muss oder der Angestellte sich selbst ausbeutet. Und dann verlieren Unternehmen oft ihre Mitarbeiter, und zwar sehr schnell. Denn Anchoring oder Framing im Job-Kontext führen oft genug dazu, dass die Angestellten nach dem ersten Jahr ihren Vertrag nicht verlängern. Sie haben ihre eigenen Wünsche, ihre eigenen Vorstellungen an ihr Arbeitsleben aus den Augen verloren, und das führt nach der ersten Euphorie über den neuen Job zu Dissonanzen. Sie wollen ihre eigenen Wünsche wiederentdecken.

3 Ausgewachsen, angekommen, trotzdem glücklich?

Guter Job, schicke Klamotten, verliebt, groß, schlank, viele Freunde, viel Geld, schickes Haus oder vielleicht auch ein Penthouse-Loft mit Dachgarten. So habe ich mir als Teenager ein glückliches Erwachsenenleben vorgestellt. Und jetzt? Erwachsen, irgendwie angekommen und Überraschung: Mein Kleiderschrank macht mich nicht glücklich, die Wohnung ein bisschen, aber nur, weil sie neu ist. Viele von uns sind durchaus zufrieden damit, wie das Leben läuft. Aber Glück? Wir hatten mehr erwartet. Und ein bisschen machen wir uns das Glück genau damit zunichte: Wir stellen es uns irgendwie vor, und dann kommt es anders. Das liegt daran, dass wir so unglaublich viele Möglichkeiten haben – und wehe, wir nutzen sie nicht. Alle paar Jahre kommen wir im Leben an einen Punkt, an dem wir uns innerlich neu sortieren müssen. Ein wenig aufräumen. Das klappt besser, wenn wir wissen, wie unser Denken eigentlich funktioniert.

Zum Überleben war der Pessimismus oder sagen wir: die Vorsicht nützlich. Zum Glücklichsein ist das negative Denken jedoch eher kontraproduktiv. Wir wollen heute ganz andere Dinge als vor hundert Jahren, vor tausend, zehntausend, vor einer Million Jahren. Und wir sollten auch ganz andere Dinge wollen.

Nicht weniger als das größte aller Gefühle sollten wir im Job finden, sagen uns prominente Konzernchefs – die Liebe. Und zwar die eine *Job-Liebe*, die uns für immer und ewig glücklich macht. »Finde etwas, das du liebst, und wenn du es noch nicht gefunden hast, dann such weiter«, das hat Apple-Gründer Steve Jobs einmal vor Absolventen der Universität Stanford gesagt. Dieser Anspruch ist zauberhaft, aber er ist auch hart. Er klingt nach Liebesdiktat und »Selbst schuld!«: Wer nicht liebt, der hat sich bei der Suche nach dem Traumjob nicht genug angestrengt.

Aber woran genau erkennen wir diese tiefe Liebe zum Beruf? Und wenn wir einmal unglücklich sind, ist es dann keine Liebe mehr? Haben wir dann versagt? Und woher soll ich eigentlich in diesem Moment wissen, was oder wen ich für den Rest meines Lebens lieben werde? Von einem Menschen kann man sich trennen, so schmerzhaft es sein mag. Sich aber von dem zu trennen, für das man ausgebildet ist, in dem man Erfahrung hat, einem Job, in dem noch eine kleine Chance auf Karriere besteht, das fühlt sich ziemlich unmöglich an. In einer anderen Branche oder auch nur in einer anderen Firma müssten wir ja schließlich völlig neu anfangen – und wer will das schon?

Aber die Zeiten haben sich geändert.

Plötzlich stehen Unternehmen auf Quereinsteiger. Klar, so ein Jurastudium qualifiziert einfach nicht zum Spieledesigner, und die Tierärztin kann auch nicht morgen als

Flugzeug-Ingenieurin anfangen. Aber das sind Extrembeispiele. Und wir haben dieses verdammt große Glück, dass wir zu jeder Zeit unseres Lebens etwas Neues lernen können. Es ist nicht mehr so einfach wie damals mit 20 Jahren. Aber es ist machbar. Und stringente Lebensläufe, zielorientiert losgelaufen und ohne Umwege angekommen, die brauchen wir gar nicht mehr.

Wir sind so frei wie nie zuvor

Wir sind frei genug, auch mal ein Ziel in den Wind zu schießen. Es liegt in der Natur der Sache, dass Ziele am Startpunkt vor allem eines sind: weit weg. Und folglich schlecht zu erkennen. Woher sollen wir also wissen, ob dieses Ziel überhaupt gut ist? Ob es das richtige ist? Ob es uns glücklich macht? Gewissenhaftigkeit und Durchhaltevermögen sind wichtig, um ein Ziel zu erreichen. Das klingt nicht nur logisch, das haben Wissenschaftler auch erforscht. Doch der feste Charakter nutzt uns wenig, wenn die Idee, Anwältin zu werden, von unserem neun Jahre alten Ich ausgeheckt wurde, das eigentlich nur schicke Hosenanzüge tragen wollte, weil die Frau in der Kaffeewerbung so cool war.

Unglücklicherweise sind wir ganz schön träge, was diese Erkenntnis angeht. Das wiederum hängt auch mit unserer Erziehung zusammen, und den Erwartungen der Allgemeinheit (als ob es sie etwas angehen würde). Ich wurde mit 30 Jahren noch gefragt, wo ich mal hinwill, und war perplex. Ich wollte nirgendwo hin. Ich hatte eher das Gefühl, dass das Leben kaum besser werden konnte, und Angst, dass es aufhört. Aber darf man das sagen? Ich erinnere mich, dass ich in der Situation ein bisschen rumgestammelt habe, dass ich ja derzeit ganz gut mit Aufträgen ausgelastet und alles okay sei. Aber wir sollen alle ständig auf der Suche sein, so kommt es mir in unserer Gesellschaft vor. Mehr wollen. Ein Ziel haben. Vielleicht sollten wir ab und zu mal innehalten und den Moment genießen.

Was aber, wenn der Moment gar nichts hat, das man genießen könnte? Das gibt es auch, das ist das andere Extrem. Manchmal sind wir nicht auf der Suche nach etwas Neuem, sondern stecken fest in etwas, das uns belastet. Job, Beziehung, Wohnort – es kann alles Mögliche sein. Wir halten an dem fest, was wir kennen, weil wir nicht wissen, ob Veränderung nicht schlechter wäre. Dabei könnte uns der Mut zur Veränderung sogar glücklicher machen.

Der Ökonom Steven Levitt hat Hinweise auf diese Erkenntnis gefunden, als er Menschen einfach mal eine Münze werfen ließ. Es ging um die ganz großen Entscheidungen in ihrem Leben. Entscheidungen, die manche Menschen nur schwer treffen können. Sie wägen ab, sie erstellen Listen für Pro und Contra, sie entscheiden sich und verwerfen es wieder. *Manchmal hilft ein Münzwurf*, dachte sich Levitt, und forderte seine Probanden heraus.

Kopf: Du kündigst.

Zahl: Du sitzt es aus.

Kopf: Die Scheidung.

Zahl: Vielleicht hilft ein Baby.
Kopf: Spring.
Zahl: Setz dich wieder hin.

Levitt wurde durch das Buch »Freakonomics« berühmt, in dem er mit ökonomischen und verhaltenswissenschaftlichen Methoden alltägliche Phänomene untersuchte. Seine Teilnehmer waren die Fans seines Freakonomics-Podcasts, Nutzer der Internetplattform Reddit und Leser der *Financial Times*, wo er eine Anzeige geschaltet hatte. Ein repräsentativer Querschnitt durch die Gesellschaft sieht anders aus, genau den hätte man aber für ein streng wissenschaftliches Experiment gebraucht. Die Studie verlangt also nach weiterer Nachforschung.

Etwas entdeckt hat er allerdings, deshalb erzähle ich hier trotzdem von den Münzwerfern. Seine Teilnehmer nannten zuerst ihr Dilemma (Soll ich kündigen?), wobei die Fallhöhe möglichst groß sein sollte. Ein ernsthaftes Problem, etwas, über das sie schon Monate lang nachgedacht hatten, vielleicht Jahre. Und dann warfen sie ihre Münze. Levitt zwang selbstverständlich niemanden, einen Dollar über ein ganzes Leben richten zu lassen. Er zeichnete lediglich die Ergebnisse auf und notierte sich die Kontaktdaten seiner Teilnehmer. Einige Monate später rief er an und fragte nach. Wie hast du dich entschieden? Wie geht es dir jetzt?

Zunächst einmal hatten etwa 63 Prozent der Teilnehmer getan, was die Münze ihnen geraten hatte. Und im Schnitt waren genau diese Menschen glücklicher, als Levitt nach

zwei Monaten nachfragte und nach sechs erneut. Weil
Menschen nach großen Entscheidungen nicht immer zu
trauen ist, ob sie über ihre Stimmung wirklich die Wahrheit sagen, fragte Levitt auch noch die Freunde seiner Teilnehmer. Und die stimmten zu: Die meisten waren deutlich
glücklicher, nachdem sie den großen Schritt gewagt hatten.

Genau mit diesen großen Lebensentscheidungen – kündigen oder bleiben – sind wir vorsichtig. Die Ökonomen
William Samuelson und Richard Zeckhauser nennen das
Phänomen »Status quo bias«.[25] Wir behalten lieber das, was
wir schon haben, anstatt es gegen etwas zu tauschen, das
möglicherweise besser ist, von dem wir es aber nicht genau
wissen.

Veränderung hat ihren Preis

Eine Freundin von mir erlebt gerade genau das: Sina wurde eine neue Stelle angeboten, etwas näher an ihrer Wohnung, mehr Geld, wichtigere Aufgaben im Team. Jedoch:
Sie kennt die Firma noch nicht. Sie gehört zu den wenigen Menschen, die ihre Kollegen wirklich gernhaben, ihr
Chef nervt sie ein bisschen, aber nicht sehr, und überhaupt
ist sie ein ziemlich glücklicher Mensch. Aber wer weiß, ob
das so bleibt? Es ist schwer, zufriedenen Menschen einen
Rat zu geben. Unglückliche sind mit einer Veränderung
leicht zu begeistern. Doch wenn der Schuh nicht drückt,
wer würde ihn gegen einen eintauschen, den er nicht an-
probieren kann?

Dahinter steckt eine einfache mathematische Gleichung. Ihr aktueller Job hat einen bestimmten Wert, der sich aus all den kleinen Dingen zusammensetzt, die Sina seit etwas mehr als drei Jahren jeden Tag erlebt hat. Sagen wir, der Wert beträgt 100. Der neue Job hat ebenfalls einen Wert, den sie aber derzeit nur schätzen kann. Sagen wir, der kürzere Arbeitsweg und die Chance, Datenauswertungen für die Firma zu machen, bekommen auf jeden Fall ein paar Extrapunkte, und der Chef war auch ganz nett. Insgesamt 110 Punkte. Was macht nun das Gehirn? Es setzt vor beide Jobs noch einen Faktor, der die Wertungen relativiert, jeweils für Sicherheit und Unsicherheit. Vielleicht der Faktor 1,2 für den bekannten Job, dann hat der plötzlich 120 Punkte. Und 0,9 für den neuen, noch unbekannten Job, dann hat der plötzlich nur noch 99. Damit gerät Sina in den *status quo bias*. Eine systematische Verzerrung, die das bevorzugt, was wir schon haben. Deshalb fällt es uns so schwer, ein Abo zu kündigen, selbst wenn wir die Zeitschrift so gut wie nie lesen. Natürlich, es ist mit einem gewissen Aufwand verbunden. In Zeiten von E-Mail ist der allerdings nicht mehr wirklich groß. Doch wir *könnten* sie lesen und dieses »könnten« ist uns sehr viel wert.

Jetzt denken Sie: Das ist absolut keine Entscheidungshilfe! Tja, denke ich auch. Das hilft nicht im Geringsten. Aber wenigstens können wir uns diesen Bias bewusst machen. Vielleicht werden wir ein bisschen klarer in unseren Entscheidungen, wenn wir uns die Faktoren vor Augen führen, die in unsere Bewertungen einfließen.

Wieso das Gute nicht lang anhält

Ich war mal mit einer Schauspielerin befreundet, die wirklich alles hatte, was man sich wünschen konnte. Talent und den Willen, hart an sich zu arbeiten. Aber auch vermögende Eltern, stets das neueste Technikspielzeug, eine riesige Wohnung mit Blick über einen Park, ein schickes Auto, edle Klamotten. Und wie alle Menschen war sie auf der Suche nach dem Glück. Was gab es da noch zu begehren? Na, was wohl? *Mehr.* Eine größere Wohnung, ein schnelleres Auto, ein neueres Smartphone, noch ein paar Lederstiefel. Klingt unsympathisch? Tja, aber wir sind fast alle so – egal, wie viel Mama und Papa zahlen oder ob wir selbst ranmüssen. Wir wollen *mehr.* Deshalb hält das Gute nicht lang an.

So unsympathisch war diese alte Freundin von mir auch gar nicht. Ihr Glück war ihr bewusst, außerdem arbeitete ihre Familie hart für den Wohlstand, und sie selbst ackerte viel für ihre Laufbahn am Theater. Doch wer sie ein bisschen kennenlernte, der entdeckte bald die Zwänge in ihrer Sprache: »Das *musst* du haben!« Ich muss, du musst, er/sie/es müssen, wir müssen – es geht nicht anders. Entschlossener Blick, angespannter Körper, vorgeschobenes Kinn, nie zufrieden, niemals genug. Ich beobachtete ihre neuesten Anschaffungen immer mit einem Hauch von Neid, aber jenseits aller Möglichkeiten, teure Wünsche mal eben so erfüllt zu bekommen. Man sollte meinen, sich Dinge *nicht* leisten zu können, würde einen ein bisschen auf Zufriedenheit und Genügsamkeit einstellen. Tut es nicht. Kann es auch gar nicht. Weil wir Menschen ganz anders funktionieren.

Bescheidenheit ist eine Zier

Im vorigen Abschnitt hatte ich die Frage gestellt, wieso wir nicht öfter mal den Augenblick genießen. Tatsächlich sind wir Menschen darin nicht besonders gut. Und selbst, wer's kann, der hält in der Regel nicht lange durch. Das Problem nennt sich »hedonic adaption«, wörtlich: hedonistische Anpassung. Wir gewöhnen uns an das, was uns Lust und Vergnügen bereitet, und dann macht es weniger Spaß. Wie das Notebook, auf das ich lange gespart habe und das ich vor einiger Zeit ganz aufgeregt vom Paketboten entgegennahm. Und nun? Arbeite ich jeden Tag damit. Es macht mich nicht glücklich, es ist einfach da und tut, was es soll. Vielleicht würde mich ein schnelleres, leichteres Notebook glücklich machen? Der Gedanke ist verlockend … Aber dann müsste ich erneut sparen, und wer will das schon. Und im Übrigen würde meine Freude wieder nicht lang anhalten. Sobald wir das erstrebte Gut haben, verbannen wir es aus unseren Herzen und wollen etwas anderes. Deshalb nennt man das Konzept im Deutschen auch »Hedonistische Tretmühle«: Egal, wie sehr wir dem Glück nachlaufen, wir gleiten bald wieder auf unser normales Glücksniveau zurück. Und wir müssen weiterlaufen, weitertreten, immer weiter, weiter, weiter.

Unsere Bedürfnisse sind ein verdammt guter Wirtschaftsmotor. Wir können deshalb der Werbung gar nicht vorwerfen, allein für Begehrlichkeiten verantwortlich zu sein. Ja, wir wollen plötzlich Dinge, die wir sonst nicht wollen würden – das ist die Idee der Werbung. Aber sie selbst bedient nur ein Gefühl, das menschlich ist: Wir wollen *mehr*. Und wir vergessen darüber, was wir schon haben. Unsere Gehirne sind verdammte Jammerlappen.

Helfen können an dieser Stelle Achtsamkeitspraktiken, wie ein Dankbarkeitstagebuch, zu dem die Psychologin Barbara Fredrickson rät.[26] Dafür gibt es sogar Smartphone-Apps, die regelmäßig fragen, wofür wir gerade dankbar sind. Dankbarkeit soll uns helfen, die guten Dinge nicht zur Gewohnheit werden zu lassen, indem wir uns regelmäßig selbst daran erinnern. Das funktioniert, weil Dankbarkeit etwas ist, das wir immer wieder empfinden können. So schnell wird es nicht langweilig. Vielleicht habe ich mich einige Tage lang gefreut, nach einer hartnäckigen Erkältung wieder gesund zu sein. Wirklich dankbar bin ich aber für Gesundheit allgemein. Oder noch detaillierter: Ich kann mir selbst dafür danken, etwas für meine Gesundheit zu tun. Ich kann meiner Vorgesetzten danken, wenn sie sich für mein Thema einsetzt. Ich kann meiner Hausverwaltung danken, weil sie die Hecke in unserem Garten neu pflanzt. So werden mir einige Dinge bewusst, die sonst vielleicht einfach an mir vorbeigezogen wären. Das wertet mein Leben in meiner Wahrnehmung auf, und, viel wichtiger noch, ich mache mir bewusst, welche

Rolle andere Menschen in meinem Leben spielen. Ich kann ihnen dankbar sein. Wer diese Übung einige Zeit durchhält, der kann sein Glücksniveau tatsächlich ändern.

Selbst die ganz großen Dinge im Leben verändern nicht mehr unsere Glücksstufe, als es ein wenig Dankbarkeit tut. Der Psychologe Philip Brickman hat in Langzeitstudien untersucht, wie sich Lebensereignisse auf das Glück auswirken, und herausgefunden, dass weder eine Querschnittslähmung noch ein Lottogewinn unser Glück nachhaltig verändern müssen. Beide Ereignisse wirkten jedoch weit weniger extrem, als die Menschen sie erwartet hatten.[27] Unsere Vorstellung von diesen Ereignissen ist geprägt von Vorurteilen: Uns fehlen die Informationen zur korrekten Einschätzung der Zukunft – eben weil sie noch nicht eingetreten ist und ihre Rahmenbedingungen nicht absehbar sind. Hier spielen also auch wieder einmal unsere Erwartungen eine große Rolle.

Wie wir aus der Vorstadt durch die Hölle an den Schreibtisch gelangen

Ich hatte Ihnen ja im vorherigen Kapitel vom vermeintlich typischen Leben in der Vorstadt vorgeschwärmt – und erwähnt, was es mit unserem miesen Urteilsvermögen zu tun hat. An dieser Stelle sollten wir mal über meine Freundin Marie sprechen. Marie ist mit Mann und Baby in die

Hamburger Vorstadt gezogen. Eine große, helle, bezahlbare Wohnung in einer ruhigen, autofreien Siedlung, Balkon zur Nachmittagssonne, die wilde und spannende Metropole aber noch gut zu erreichen. Sonntags schieben Marie und ihr Mann den Kinderwagen durch ein weites Marschland und genießen die frische Luft mit weitläufigen Seen und verschlungenen Bäumen. Bevor ich weitererzähle … hassen Sie Marie schon? Alle hassen Marie, ich hasse Marie auch. Nichts macht uns unglücklicher als Neid oder genauer: das Gefühl, dass andere es besser haben als wir.

Es gibt da nur eine Kleinigkeit, die wir übersehen. Und Marie hatte sie unglücklicherweise auch nicht bedacht: Leider ist nur ein Mal in der Woche Wochenende. An den anderen Tagen braucht sie mit der S-Bahn für Kundenbesuche mindestens 45 Minuten bis in die Stadt, Umsteigen inklusive. Ihr Mann ist mit seinem Auto noch länger unterwegs – und das täglich zwei Mal. Und jetzt haben wir den Salat. Die Erwartungen basierten auf unvollständiger Information, waren deshalb nicht realistisch, und das passiert uns im Alltag ziemlich oft.

Schlechtes Urteilsvermögen trifft auf unvollständige Informationen

Ist das ruhige Leben eine Pendelstrecke wert? Marie sagt »Ja«. Auf der Hinfahrt bereitet sie sich vor, auf der Rückfahrt denkt sie ihren Termin durch und wenn sie nach einem Spaziergang von der Bahnstation zur Wohnung auf den Balkonstuhl fällt, dann liegt der Termin hinter, der

Himmel vor und ein gutes Buch neben ihr. Sie ist auch nicht der Typ, der wegen der Entfernung Freunde vernachlässigt – kiezmüde Berliner sollten sich davon mal eine Scheibe abschneiden. Taucht eine Freundin für anderthalb Stunden in Hamburg auf, schaufelt Marie sich die Zeit frei und kommt vorbei. Bevor ich dieses Kapitel geschrieben habe, blieb sie mit dem Kinderwagen allerdings auf halbem Wege stecken – der Aufzug war defekt, sie verpasste ihre Bahn und kam 20 Minuten und drei genervte Entschuldigungs-SMS später an.

Ihr Mann Jorgen ist zurückhaltender mit seinem Urteil über die neue Wohnsiedlung. An schlechten Tagen sitzt er zwei Stunden im Auto, an ganz schlechten noch länger. Das schlaucht. Wenn Marie abends Tee für eine Freundin macht, legt sie den Finger an die Lippen – Jorgen schläft schon, er muss früh raus. Gegen sieben Uhr in der Frühe bekommt Marie einen Kuss, das Baby auch, und Jorgen fährt weg. Zwölf Stunden später ist er wieder da. Zeit für Freunde? Wenig. Und Kraft ist auch nur noch selten da.

»Pendeln selbst macht nicht krank«, sagte der Mobilitätsforscher Norbert Schneider von der Universität Mainz der ZEIT in einem Interview.[28] »Das Risiko, krank zu werden, ist aber erhöht.« Dabei pendeln wir, weil uns das Haus in der Vorstadt oder der gutbezahlte Job in der Metropole glücklicher macht. Und Marie und Jorgen hatten alles durchdacht. Sie wussten, er würde mal im Stau stehen. Sie wussten, Marie würde mal zum Opfer von Bahnstreiks werden, von Mensch oder Material. Sie hatten nur nicht bedacht, wie sehr sie das nerven würde.

Wegziehen wird gerade zum Trend. Einige Jahrhunderte lang verließen die Menschen ihre Heimatdörfer und Kleinstädte und zogen in die Großstadt. Auf der Suche nach besseren Jobs, Bildungschancen, Vergnügen. Doch seit Kurzem sind die Abwanderungssalden plötzlich negativ, berichtet das Deutsche Institut für Wirtschaftsforschung (DIW).[29] In der Mitte der Nullerjahre fing es an, dass weniger Menschen in die Großstädte zuzogen. Im Jahr 2014 rutschte der Wert unter Null. Es waren also mehr Leute gegangen als gekommen. Das gilt natürlich nur für Inländer. Zuzüge aus dem Ausland lassen die Großstädte weiter wachsen.

Jeder siebte Berliner Arbeitnehmer kommt von außerhalb der Stadt. In Hamburg, wo die Stadtgrenzen enger sind, ist es sogar jeder dritte. Und weil Wohnungen in den Städten teurer und umkämpfter werden, erwarten die Statistiker, dass diese Zahlen sogar noch steigen. Etwa 70 Prozent der Pendler brauchen maximal 30 Minuten zum Arbeitsplatz, nur jeder zwanzigste ist länger als eine Stunde unterwegs. Doch irgendwie müssen sie alle pünktlich zur Arbeit kommen, und den Luxus, zu Fuß oder mit dem Rad unterwegs zu sein, gönnen sich nur rund 10 Prozent. Fast die Hälfte fährt mit dem Auto − das dürften aber weniger werden, weil gerade junge Menschen heutzutage seltener ein Auto besitzen.

Pendeln bedeutet Kontrollverlust

»Wenn ich als Pendler unvorhergesehen im Stau stehe oder wenn der Zug Verspätung hat und der Anschlusszug verpasst werden könnte, entstehen typische Situationen mit Kontrollverlust«, sagt Schneider. Und dieses Gefühl stresst uns mehr als ein Kampfeinsatz im Eurofighter über feindlichem Gebiet, fand der Neuropsychologe David Lewis heraus. Er stattete britische Pendler mit Sensoren aus, versteckt unter Baseballkappen. Ihre Herzen schlugen mit bis zu 145 Schlägen pro Minute – normal sind im Ruhezustand eher 65 Schläge, bei sportlichen Menschen noch etwas weniger. Wir starren auf die Uhr, auf die Haltestellen-Anzeigen und auf unser Smartphone. Und sind dennoch machtlos.

Profipendler schalten Lewis' Experimenten zufolge ihre Köpfe aus. Sie fallen in eine Art Trance-Zustand, um sich vor der feindlichen Umgebung zu schützen. Gleichzeitig steigt der Cortisolspiegel: Der Körper schüttet Antistresshormone aus. Und ebenso gehe es Kampfpiloten, sagt Lewis. Mit einem Unterschied: Die Pendler fühlen sich machtlos. »Stress ist dann am schlimmsten, wenn wir etwas erreichen wollen, davon aber abgehalten werden«, schreibt er. Der Stress ist so groß, dass viele Pendler sich hinterher gar nicht an ihre Fahrt erinnern können. Übrigens fühlt sich Pendeln so furchtbar an, dass nur Alkohol bei der Fahrt hilft.[30] Das ist aber erstens keine Lösung für jeden Tag und zweitens in öffentlichen Verkehrsmitteln zunehmend verboten.

Marie lehnt ihren Kopf an das Fenster der Bahn und wartet, bis die Häuser niedriger werden und es irgendwann endlich vorbei ist. Ein Sprichwort sagt, dass in Berlin jede Fahrt mit der U-Bahn immer 30 Minuten dauere, böse Zungen sprechen sogar von 45. Wenn das stimmt, dann verlieren U-Bahn-Pendler in jeder Woche fünf Stunden Lebenszeit, vielleicht sogar 7,5. Das ist mehr, als ein normaler Angestellter am Tag konzentriert arbeiten kann.

Mit diesem Kontrollverlust hatten die Pendler nicht gerechnet. Und darin liegt das Problem. Wir Menschen sind verdammt schlecht darin, unsere Emotionen vorherzusagen. Alles wird gut, wenn denn nur … ja, wenn was? Wenn sich ein einziger Wunsch erfüllt? Dann soll alles besser werden? Dieser Gedanke ist nicht nur naiv, er ist auch problematisch. Wenn ich meinen Willen nicht kriege, dann was? Bricht meine Welt zusammen, wenn ich die verdiente Führungsposition nicht erhalte? Wohl kaum. Aber klar, ich kann mich natürlich reinsteigern und angemessen überrascht und entsetzt sein.

Den Versuch, unsere Emotionen in Bezug auf ein bestimmtes Ergebnis vorherzusagen, bezeichnen Daniel T. Gilbert und Timothy Wilson als »Affective Forecasting«[31]. Und das geht meistens ziemlich daneben. Denn auch, wenn wir unseren Traumjob nicht bekommen, die verdiente Beförderung ausbleibt, andere das bessere Büro ergattern oder das Gehalt ungerecht ist: Unser Gehirn kommt damit klar. Wir erholen uns wieder, auch wenn wir ein langes, intensives Drama erwarten. Die Forschung spricht vom »psychologischen Immunsystem«[32]. Dieses räumt auf, wenn im Kopf Chaos herrscht, weil unsere Erwartungen nicht erfüllt wurden. Bei Marie und Jorgen wurde einiges besser – vor allem die Nachbarschaft. Andere Dinge wurden einfach nur anders.

Die Ökonomen Alois Stutzer und Bruno S. Frey vom Institut für empirische Wirtschaftsforschung der Universität Zürich haben Pendler und ihre Zufriedenheit ebenfalls untersucht.[33] Dafür nutzten sie Daten aus Haushaltsbefragungen in Deutschland, die über 19 Jahre hinweg erhoben worden sind. Sie sagen, dass ein besserer Job, mehr Geld oder mehr Wohnqualität das Leid der Pendelzeit kaum ausgleichen können. Das Gehalt zum Beispiel müsste um 40 Prozent steigen – was es in der Regel ja nicht tut. Und dann belastet die Pendelei noch immer Gesundheit, Familienleben und Freundschaften. Übrigens leiden auch die Partner der Pendler – und nach einiger Zeit sind die Familien nicht mehr signifikant zufriedener mit ihrer Wohnsituation. Ihre Erwartungen an ein glücklicheres Leben auf dem Land haben sich als Trugschluss herausgestellt. Sie hätten sich besser informieren und die neuen Rahmenbedingungen realistischer bewerten müssen.

Wie wir richtiges Einordnen lernen

Kommt ein Pferd in eine Bar. Fragt der Barmann: Warum so ein langes Gesicht?

Tja. Weil es eben ein Pferd ist und Pferde von Natur aus lange Gesichter haben.

Viele von uns ticken genau so. Wir sind ganz schön negativ drauf, und das ist von der Natur so gewollt. Wir schleppen uns nach einem Arbeitstag aus dem Büro, manche in eine Bar, die meisten eher nach Hause, und ziehen ein langes Gesicht. Wie war dein Tag? – Ach.

Natürlich war das in der Steinzeit mal total nützlich – wie die meisten Dinge, die unser Gehirn so mit uns macht und die uns heute belasten und schaden. Aber sehen Sie es mal so: Steinzeit, Sommer, super Wetter, entspannter Tag. Sie essen rote Pilze mit weißen Punkten, die schmecken aber irgendwie komisch. Und sowieso hatte Ihr Stammesführer immer gesagt: Hände weg von den roten Pilzen, sonst: Diarrhöe. Sie essen die Pilze aber trotzdem, da sie lecker aussehen. Der Stammesführer behält natürlich recht, und Sie hängen stundenlang im Busch fest: Bauchkrämpfe, das volle Programm. Solche Erinnerungen sollten natürlich haften bleiben. Und haften heißt in diesem Fall: In unserem Gehirn lösen Warnungen eine besonders starke Aktivität aus, weil Form, Farbe und Geschmack in der Erinnerung mit Bauchkrämpfen und Durchfall verknüpft sind. Belohnung: gering. Kosten: schmerzhaft. So lernt man, so überlebt man. Deshalb fassen die meisten Babys nur einmal auf die Herdplatte, und deshalb ist unser Gehirn ganz schön negativ drauf. Jene Exemplare des Homo Erectus, die vorsichtiger waren, lebten länger, gaben ihre Gene weiter, und nun sitzen wir hier.

Heutzutage geben wir uns alle Mühe, gute Erinnerungen in unsere Gehirne zu brennen. Das ist klug. Stellen Sie sich vor, Sie kommen von einem harmonischen Urlaub wieder, morgens noch die vielen Bilder im Kopf vom Strand, dazu ein sanfter warmer Wind. Dann erzählt man alles dreimal im Büro, anschließend ist Mittagspause und danach bricht die große Welle von Chaos über einen herein. Und spätestens am dritten Tag nach dem Urlaub ist man eigentlich schon wieder reif für die Insel. Dieser magische Moment, als ich zum ersten Mal über den Dschungel Mexikos schaute, von einer alten Maya-Pyramide, der fiel mir erst zehn Monate später wieder ein. Er war noch in meinem Gehirn abgespeichert, weil ich ihn sehr bewusst genossen hatte. Doch bald schon begrub ich ihn unter Arbeit, Ärger und Abgabeterminen.

Noch schlimmer ergeht es uns in jenen Momenten, die wir nicht bewusst erleben. Was wir nicht lebendig halten, das legt das Gehirn unter »Ferner liefen …« ab. Die neuronalen Verbindungen werden schwächer, so wie Muskeln, wenn sie nicht genutzt werden. Wenn wir noch nicht einmal im Moment des Erlebens wirklich aufmerksam sind, dann ist das Erlebte schnell unter neuen Eindrücken vergraben. Deshalb erinnern sich manche Menschen bes-

ser an ihre Urlaubsfotos als an die Reise an sich. Und deshalb können wir das belebende Gefühl des Urlaubs nur
dann erhalten, wenn wir noch regelmäßig in den Erinnerungen schwelgen. Übrigens haben Versuche gezeigt, dass
manipulierte Urlaubsfotos sogar unsere Erinnerungen verändern können. Wir glauben, was wir sehen. Montieren
Sie Mama oder Papa mal einen Eimer Sangria in die Hand
und fragen Sie, wie's geschmeckt hat, damals auf Mallorca,
Sommer 2004. Sie werden staunen.

Natürlich wird nicht sofort alles gelöscht, was wir nicht im
Bewusstsein behalten. Unser Gehirn ist ein durchaus prak-
tisches Speichermedium. Aber es kramt nur hervor, was
einen kleinen elektrischen Impuls aus einer anderen Ner-
venzelle bekommt. Und je stärker die Verbindungen unter
den Nervenzellen sind und je mehr Verbindungen eine
Erinnerung hat, desto wahrscheinlicher ist es, dass wir einen dieser glücklichen Flashbacks erleben, der uns direkt
wieder unter die Sonne der Costa Maya bringt.

Evolutionär gesehen waren die Negativ-Denker durchaus im Vorteil. Wenn ein Gehirn speichert, dass Weintrauben lecker sind, dann ist das eine nette Information. Da
wir aber auch ohne Weintrauben überleben können, sind
wir nicht unbedingt darauf angewiesen. Speichert unser
Gehirn aber nicht, dass uns die rot-weißen Pilze krank
machen, dann sind wir bei der nächsten Handvoll vielleicht tot, und wer tot ist, der kann sich nicht mehr fort-
pflanzen. Wer also Informationen über Weintrauben in
seinem Kopf beherbergt, nicht aber über Fliegenpilze, der

lebt möglicherweise glücklicher und sorgloser – aber eben nicht länger.

Unser Gehirn ist auf Überleben gepolt. *Wie* wir leben, ist dafür zweitrangig. Glück nach unserem modernen Verständnis war da noch nicht vorgesehen. Unser Nervensystem hatte 600 Millionen Jahre Zeit, sich zu entwickeln. Und herausgekommen sind Prioritäten wie aus der Steinzeit. Wissenschaftler nennen das Phänomen »Negativity bias«: Wir haben eine Tendenz zum Negativen. Doch die Bedrohungen der Gegenwart sind weit weniger bedrohlich, als es die Bedrohungen unserer Vorfahren waren. All die negativen Einflüsse des Tages abzuspeichern, ist deshalb oft gar nicht notwendig. Aber was machen wir? Wir meditieren über unsere Probleme statt über das Gute. So stärken wir die Erinnerung an den verschütteten Kaffee, nicht aber die an die lustige Mittagspause mit der Kollegin. Schade.

Dies wollen Wissenschaftler wie der Psychologe Dacher Keltner beenden. Er rät seinen Studenten am Greater Good Science Center, abends drei gute Erlebnisse des Tages aufzuschreiben und sie dann mit anderen zu besprechen. Über das Gute des Tages nachzudenken, setzt einen Prozess im Gehirn in Gang: Die Erinnerungen werden verstärkt und mit ihnen auch die Emotionen dieser Momente. Das funktioniert wie beim Vokabellernen. Wenn ich Ihnen jetzt sage, dass das arabische Wort »tamam« mit »okay« übersetzt werden kann, dann haben Sie das morgen wieder vergessen. Ihre Neuronen erkennen, dass sie nicht wirklich gefragt sind. Beim Wort »Amira« – »Königin« – klappt das vielleicht schon besser, weil das auch ein bekannter Name ist und ihr Gehirn ihn schon mal gehört hat. Wenn Sie diese Seite morgen Abend nochmal lesen, dann bleiben die Informationen schon besser hängen. Wenn Sie sich die Wörter auf Post-Its schreiben und an Ihren Badezimmerspiegel kleben, dann vergessen Sie sie so bald nicht wieder, und wenn Sie Ihre neuen Vokabeln morgen Mittag beim Döner-Verkäufer ausprobieren, dann wahrscheinlich nie mehr. Deshalb kleben sich manche Menschen vor dem Andalusienurlaub Zettel mit dem Wort »patata« auf die Kartoffeln.

Aber warum geben wir uns eigentlich viel mehr Mühe beim Vokabeltraining und mit Charakteren aus Game of Thrones, als mit unserem persönlichen Glück? Der Mechanismus ist der gleiche: Was im Kopf bleiben soll, das müssen wir üben. Wir müssen es wiederholen. Nur dann geben wir unserem Gehirn die Möglichkeit, es vernünftig zu speichern, also Verknüpfungen zwischen Neuronen zu bilden, die die gute Erinnerung ins Bewusstsein holen. Das funktioniert mit Kollegen besonders gut: Ihr Tischnachbar lässt ständig sein Butterbrotpapier rumstinken? Darüber ärgern Sie sich auch am Abend noch, wenn Sie es endlich Ihrem besten Freund erzählen können. Aber hat er nicht auch Tee gebracht, als Sie vor lauter Stress keinen Augenblick vom Schreibtisch wegkamen? Hat er nicht total lieb nachgefragt, als Sie in der vergangenen

Woche zu spät und klatschnass im Büro ankamen? Und haben Sie *das* am Abend auch erzählt? Wahrscheinlich nicht, vermutlich haben Sie nur an den Regen am Morgen gedacht und an den Stress zur Mittagszeit. Regen und Stress sind Ihre roten giftigen Pilze der Steinzeit, Tee und liebevolle Kollegen sind die Weintrauben. Regen und Stress speichern wir als unerwünscht ab. Tee, liebevolle Kollegen und Weintrauben bekommen viel weniger Raum in unseren Köpfen.

Selektive Wahrnehmung

Wir Menschen sind super in selektiver Wahrnehmung, andernfalls wären unsere Gehirne von Eindrücken völlig überflutet. Aber wir lassen Millionen von Jahren der Evolution entscheiden, was wir bemerken, an was wir uns erinnern. Das können wir besser.

Wir sollten diesen Prozess allerdings für uns nutzen und unser Gehirn umformen. Und zwar so, dass es das Gute stärker wahrnimmt und im zweiten Schritt auch abspeichert. Deshalb hat der Psychologe Rick Hanson sein Buch »Hardwiring Happiness« genannt, »das Glück fest verdrahten«. In der Fachsprache nennt man das Neuroplastizität, von neuro = nervlich und Plastizität = Formbarkeit. Unser Gehirn ist formbar. Genauer gesagt: Unser Gehirn verändert sich wirklich ständig. In MRTs, **M**agnet-**R**esonanz-**T**omographien, lässt sich das sogar beobachten. Jeder Sinneseindruck und jeder Gedanke löst etwas in uns aus. Vor einigen Jahren machte die Erkenntnis Schlagzeilen,

Bücher würden unsere Gehirne verändern. Das stimmt zwar, das tun Fernsehen, Streiten, Schokolade essen oder ein lockerer Lauf im Sommerregen allerdings auch.

Ein Beispiel: Im Gehirn sprechen bewusste Bewegungen die so genannte Inselrinde an, auch als »Inselcortex« bezeichnet, oder einfach »Insula«. Jeweils kurz über den Ohren liegen diese beiden Bereiche im Gehirn. An ihnen lässt sich die Neuroplastizität besonders gut erklären. Sie werden aktiv, wenn wir etwas tun, bei dem wir auf unseren Körper achten. Bogenschießen wäre eine passende Sportart, Hanson nennt Golf als Beispiel, Tanzen, Yoga oder Tai Chi. Jene Aktivitäten, bei denen wir uns auf uns selbst konzentrieren, ruhig atmen, uns bewusst bewegen. Sie aktivieren die beiden Insulae – und dabei werden diese beiden Hirnareale tatsächlich größer[34], weil die Neuronen stärker kommunizieren. Neue Verbindungen werden gebildet und verstärkt. Synapsen entstehen und werden stärker. Das Gehirn verändert sich – die ganze Zeit. Deshalb kann man Meditation trainieren. Am Anfang klappt's gar nicht, aber bald wird es leichter, und deshalb ist Meditation ein Training für die Selbstwahrnehmung. Die Signale funken über leistungsfähigere Bahnen ins Gehirn, deshalb nehmen wir uns selbst stärker wahr. Wir bekommen unser Körpergefühl zurück.

Weil wir die Negativität zum Überleben nicht mehr brauchen, lohnt es sich als moderner Mensch also, ein wenig darauf zu achten, wodurch wir unser Gehirn formen lassen. Welche Empfindungen sollen dominieren, welche Ereignisse des Tages wollen wir präsent halten? Wir bestimmen, mit welcher Laune wir morgens früh ins Büro gehen und wie wir zu unseren Jobs, Firmen und Kollegen stehen. Wer *trotz* Arbeit glücklich sein will, der kann etwas dafür tun: seine Erinnerungen sortieren. Die schlechten ins Kröpfchen, die guten ins Köpfchen.

Warum wir selbst manchmal unser eigener Endgegner sind

Es gibt diese Katastrophen-Tage. Sie beginnen mit Zufällen, aber wenn der Ärger sich häuft, dann muss irgendwas Größeres dahinterstecken. Nach richtig schlechten Tagen halten alle Menschen zusammen − und machen sich selbst fertig. Die meisten sind sogar noch stolz darauf. Wie meine Freundin Jennifer aus München. Jenny ist in der Riege der Top-Journalisten schon ziemlich weit oben, die meisten Feuilleton-Redakteure und auch Leser kennen ihren Namen. Sie schreibt kluge Dinge auf, und das auch noch so, dass man sie versteht, was ja im Feuilleton eher selten ist. Ich kenne Jenny jetzt seit einigen Jahren, und seit ich sie kenne, hackt sie auf sich selbst herum. Weil sie ihre Texte unkreativ findet, ihre Ideen lahm, ihren Auftritt in der letzten Redaktionskonferenz bestenfalls peinlich. Weil sie nicht gut genug ist und es auch noch nie war, und eigentlich hat sie die ganze Branche verfehlt − es traut sich bloß niemand, ihr das zu sagen. Denkt sie. Die meisten Menschen kriegen davon gar nichts mit. Vermutlich ist sie deshalb so gut, aber angenehmer wird das Leben durch die permanente Selbstkritik ja nicht gerade.

Dies ist ein Extremfall, klar. Aber ich kenne noch mehr von der Sorte. Ich selbst habe es mir mühsam abtrainiert – und jetzt fühle ich mich manchmal schlecht, weil ich mich nicht schlecht genug fühle. Irgendwas ist ja immer.

Ich habe den US-amerikanischen Psychologen Rick Hanson gefragt, warum wir das machen, und erfahren, dass sich das pauschal nicht beantworten lässt. Die Basis des Problems: Manche Menschen sind härter zu sich selbst, wenn zwei Kräfte in der Psyche aus dem Gleichgewicht geraten. Sie greifen sich innerlich zu oft an, und sie pflegen sich selbst zu wenig. Der Teufel auf der linken Schulter hat den Engel auf der rechten an die Wand gequatscht. Der Engel schweigt sich in Resignation aus, der Teufel hackt weiter auf uns rum.

»Dafür gibt es viele Gründe«, sagt Hanson, »Temperamente sind unterschiedlich, einige Menschen neigen eher zu Angst oder Verdrießlichkeit als andere.« Und viele von uns haben es gar nicht anders gelernt. Es wird also Zeit, dem Engel auf der rechten Schulter Mut zuzusprechen, damit er sich wieder um uns kümmern kann, wie es seine Aufgabe ist.

Jeder Mensch hat kleine Fehler. Der Berg an Briefen, der sich 24 Stunden nach dem Aufräumen schon wieder auf dem Esstisch stapelt. Die Mülltüte, die auch vor einer Woche schon hätte rausgebracht werden müssen. Die Präsentation, die wir auch ganz in Ruhe vor einer Woche hätten vorbereiten können, statt am Morgen vor dem wichtigen Termin. Dann wäre da auch weniger Gestammel dabeigewesen. Und wieso haben wir eigentlich nicht Nein gesagt, als es um die Überstunden am Freitag ging? Wieso gab es zum Lunch schon wieder ein dick belegtes Brötchen, und hastig heruntergeschlungen am Schreibtisch? Und wieso konnten wir unsere schlechte Laune nicht besser verbergen?

Vielen Menschen sind ihre kleinen Fehlerchen gar nicht bewusst, einige leben ziemlich gut mit sich selbst und einige, nun, die wären gern ganz anders, oder jemand anders, oder am besten gleich so wie all die anderen Menschen, die ihr Leben anscheinend so wunderbar im Griff haben. Diese leise Stimme, die uns sagt, dass die perfekten Menschen nur nicht mit uns über ihre Probleme reden – sondern mit anderen Menschen – die überhören wir gern.

Die meisten von uns sind weniger extrem, ein Glück. Aber tatsächlich ärgere ich mich gerade noch immer, dass ich vor vier Tagen einen Flug zum falschen Datum gebucht habe. Dabei ließ er sich kostenlos stornieren – und seither sind viele schöne Dinge passiert. Im Kopf bleiben aber die negativen Gedanken und Erfahrungen haften. Wie mein Versagen, die Zahl 9 von einer 8 zu unterscheiden. Jeder Freundin würde ich raten, den Moment zu vergessen. Wenn es aber um uns selbst geht, dann sind wir plötzlich kritisch, wollen nicht verzeihen und können es auch nicht.

»Don't beat yourself up«, schreibt Hanson über dieses Phänomen.[35] Mach dich nicht selbst fertig. Wenn auch nur eine Kleinigkeit schiefgeht, reagieren manche Menschen extrem – gegen sich selbst. Wir fühlen uns ungenügend, schuldig, wie Hochstapler.

Und wir sprechen hier von einem Massenphänomen. Hanson hat mir seine Erkenntnisse näher erläutert: »Sich selbst fertigmachen ist etwas anderes, als sich selbst guten, gesunden Rat zu geben«, sagt er. Das könne auch bedeuten, aus Reue oder Scham zusammenzuzucken, wo es angebracht ist. Doch es gibt Phasen im Leben, da gehen wir einfach zu weit. Es ist eine Sache, sich selbst nach einem Fehler am Riemen zu reißen, ihn zu verstehen, das Problem zu lösen, sich entsprechend zu verhalten – und dann weiterzumachen. Das ist psychologisch gesund und moralisch verantwortungsbewusst. Das macht uns stärker, besser, aufmerksamer. Und vielleicht ist es auch genau das, was wir eigentlich versuchen, wenn wir so ausdauernd auf uns selbst herumhacken. Unsere innere Reaktion steht aber in gar keinem Verhältnis mehr zum Problem an sich. Wir werden unserer Missetat manchmal gar nicht mehr gerecht. Denn wer sich laut Hanson auf seine Fehlerhaftigkeit konzentriert, der vermeidet damit die Konfrontation mit dem eigentlichen Problem: Da ist ein Fehler passiert. Hätte der Steinzeitmensch sich nach den Fliegenpilzen selbstmitleidig auf dem Boden gewälzt und sich und seine Existenz hinterfragt, dann hätte er über die gepunkteten Pilze wieder nichts gelernt. Dafür aber seinem Gehirn eingeredet, er sei zu nix nutze. Dabei ist das Gehirn sehr nützlich. Wir müssen es nur richtig einsetzen. Ich schaue künftig wieder zweimal hin, bevor ich einen Flug buche. Und ein Kleinkind wird auch nicht wieder auf die Herdplatte fassen.

Das Problem: Die Grenze, ab der die Selbstgeißelung nicht mehr gesund ist, die ist schnell überschritten. Dann ignorieren wir all das Gute in uns, an uns und um uns herum. Das hat viel mit Framing zu tun, der Tatsache, dass unsere Stimmung unsere Wahrnehmung beeinflusst. »Die meiste Zeit merken andere Menschen gar nicht, wie hart du zu dir bist«, sagt Hanson, »und wenn sie es doch tun, dann wünschten sie sich, du würdest es lassen.«

Wie wäre es mit einem Experiment? Wechseln wir einmal die Seite: Wie würden wir selbst über einen Freund, einen Kollegen, einen Verwandten denken, der sich wegen eines Fehlers noch lange ärgert? Vermutlich würden wir eine Zeitlang versuchen, ihn zu trösten – was er natürlich nicht annimmt, vor allem, wenn er uns Arbeit damit gemacht hat. Irgendwann geben wir genervt auf und hoffen einfach, dass es wieder vorbeigeht. Manchmal kann man eben doch von sich selbst auf andere schließen. Und weil das so gut geht, rät Rick Hanson zu einem einfachen Trick: Passiert uns ein Fehler, sollten wir nicht wie der härteste aller Kritiker mit uns selbst sprechen, sondern lieber wie ein guter Freund. Einer, der uns ernstnimmt, sich nicht lustig macht, uns aber auch nicht angreift. Vielleicht auch wie ein Lehrer oder Therapeut. Was würden diese Menschen sagen? Sie würden das Geschehene rational analysieren. Das hilft. Vielleicht sollten wir uns immer so behandeln, wie die wirklich guten Freunde es tun, statt unser eigener Endgegner zu sein.

Teil zwei

Wo wir unser Glück finden

4 Mein Gehirn, meine Regeln

Die Hände schwitzen, die Füße springen gleich aus den unnötig hohen Pumps und der Kopf ist völlig leer. Gestatten: ich bei einem Referat im Studium. Das war im fünften Uni-Semester, und ich erzählte etwas über das europäische Bankenrecht. Inhaltlich gut, sagte der Professor später, aber er hatte zwischendurch etwas Sorge, dass ich ohnmächtig werden könnte. Danach und für den Rest meines Studiums weigerte ich mich standhaft, irgendetwas zu präsentieren. Im Master-Studiengang überredete ich sogar Dozenten dazu, Essays abzugeben, um keine Vorträge halten zu müssen. Und wenn ich später in Redaktionskonferenzen etwas sagen wollte, drehte mein Herzschlag mir die Luft ab. Jedes verdammte Mal. Ich war weit weg von glücklich. Ich war in Panik.

Das kann man alles lernen, und mit der Erfahrung wird es besser, könnten Sie mir jetzt sagen. Ja, danke. Aber ich hatte viel zu viel Angst, um Erfahrung zu sammeln. Mir hat's gereicht. Vielleicht wäre meine Vortragskarriere an der Uni etwas erfolgreicher abgelaufen, wenn ich früher gewusst hätte, was in meinem Gehirn eigentlich passiert. Und wie man es auf stressige, vielleicht sogar bedrohliche Situationen vorbereitet.

Angst ist eine Reaktion auf einen Reiz. Wir nehmen ihn wahr, vielleicht sind es unsere Augen und Ohren, die ein überraschendes Ereignis erleben. Oder uns wird bewusst, dass der beunruhigende Termin kurz bevorsteht – der Weisheitszahn muss raus, die Steuerberaterin wartet, viel zu wenig Umsteigezeit an einem Flughafen in der Pampa. Die Information wird im Gehirn dann an den Hippocampus geschickt. Dort werden die neuen Reize mit bekannten verglichen und auf eine Bedrohung hin untersucht. Das kann man zum Beispiel bei Bienen gut erklären: Wer von einer Biene gestochen wird, in dessen Gehirn stärkt sich die Verknüpfung zwischen der Region, in der die kleinen Honigsammlerinnen erkannt werden, und der Region, in der wir Schmerz empfinden. Erkennt das Gehirn erneut eine Biene, meldet sich das Schmerzgedächtnis. Vielleicht spüren wir sogar kurz den Moment des Schmerzes und finden uns einen Augenblick lang im Garten der Großeltern wieder, in dem damals der erste Bienenstich passierte. So kann das Angstgefühl also aus bereits Erlebtem resultieren: Wer einmal versagt, der fürchtet es danach erneut. Registriert der Hippocampus eine Bedrohung, gibt er diese Information an die Amygdala weiter, die den Nebennieren sagt, dass sie das Hormon Adrenalin und seine stressigen Kollegen ausschütten sollen, um unseren Körper auf eine Reaktion vorzubereiten. Kampf oder Flucht. Blut fließt zu den Muskeln, deshalb wird uns manchmal kalt, wenn wir uns fürchten. Die Pupillen weiten sich, damit mehr Licht ins Auge trifft. Das Herz schlägt schneller, der Blutdruck steigt, ebenso der Glucose-Spiegel. Die Konzentrationsfähigkeit ist weg, weil die Sinne lieber die Umgebung im Blick behalten wollen. All das passiert, ganz egal, ob das Leben bedroht ist, oder Fördergelder für ein Projekt bewilligt werden sollen. Der Körper ist bereit, gegen eine Schlange zu kämpfen oder vor einem Tiger zu fliehen, und in dem Zustand sollen wir dann die wichtige Präsentation halten. Das hat die Evolution ja richtig gut hinbekommen. Das Problem mit den Ängsten unserer Gegenwart ist nur: Viele von ihnen machen wir uns selbst, andere sind anerzogen. Eine reale Bedrohungslage existiert nicht. Vielleicht neigen wir manchmal dazu, uns die Hölle auf Erden vorzustellen, wenn ein großer Moment vor uns liegt. Wie wir nach drei Minuten mit einem Vortrag fertig sind und dann eine Frage kommt, auf die wir selbst nie gekommen wären und zu der uns bestimmt keine Antwort einfallen wird.

Für dieses Denkmuster gibt es ein Wort: Neurotizismus. Das Konzept beschreibt, wie labil wir sind, und gehört zu jenen großen Faktoren, anhand derer ein Charakter bestimmt wird. Neurotizismus fragt nach Ängsten und Nervosität, wie reizbar wir sind und ob wir in fordernden Phasen schnell Magenbeschwerden bekommen, wie schnell wir unzufrieden sind und ob wir komplexe Situationen eher negativ einschätzen. Neurotizismus bei starker Ausprägung kann uns das Leben ganz schön schwer machen.

Hätte ich mir mal einfach das Gegenteil ausgemalt. Ein Freund von mir stellte sich während unseres Studiums vor

jeder Klausur, vor jeder Präsentation vor den Spiegel und
sagte: »Du bist super! Du kannst das! Du stellst dich da hin,
bleibst ruhig und erklärst, wie die Sache mit der Geldmen-
ge funktioniert. Du wirst sie begeistern!« In unserer Cli-
que war er der erfolgreichste Student, und heute hat er
einen tollen Job. Mit seinem Selbstlob hat er sein Gehirn
auf die Prüfungen vorbereitet. Mit viel Ausdauer brachte
er sich selbst bei, sich gut zu finden, an sich zu glauben.
Der alte Trick, uns unser Publikum nackt vorzustellen, soll
dazu dienen, uns in die Position des Stärksten im Raum zu
versetzen. Ich vermute eher, dass das ziemlich ablenkt.
Wer sich aber vorstellt, das Publikum würde ihn nicht verurteilen, sondern bewundern und unterstützen, der stärkt
im Gehirn die Verbindung zwischen der gefürchteten Situation und dem Gefühl, sozial gut eingebunden zu sein.
Nichts macht uns glücklicher.

Während die Angst-Assoziationen vermutlich direkt in der
Amygdala liegen, speichert das Gehirn die Entwarnung
wahrscheinlich im Präfrontalen Cortex ab, einem Teil der
Großhirnrinde im Frontallappen, ein Stück hinter unserer
Stirn also. Ich schreibe »vermutlich« und »wahrscheinlich«,
weil die Struktur unseres Erinnerungsspeichers sehr komplex ist. Wissenschaftler gehen derzeit aber davon aus, dass
die Entwarnung »Nicht alle Bienen stechen« eben nicht in
der Amygdala lagert. Dort würde sie nur einen Platz belegen, der für echte Bedrohungen reserviert ist. Deshalb er-
schrecken wir vielleicht noch vor der Biene, bevor wir uns
erinnern, dass sie es in der Regel nicht auf uns abgesehen

hat, sondern auf die Blüten der Sonnenblumen. Die Angst ist noch da, wird aber durch Wissen in Zaum gehalten.

Über Assoziationen lernen wir

Assoziationen sind spannende Verknüpfungen. Grundsätzlich bedeuten sie, das eine zu sehen und das andere zu denken. Ich sehe einen Kaffee und weiß, er könnte heiß sein. Assoziationen sind die Grundlage jedes Lernens. Im Gehirn gibt es verschiedene Areale, Bereiche mit Neuronen, in denen Informationen gelagert werden. Irgendwo ist da ein Bereich, der registriert den visuellen Reiz: braune Flüssigkeit in Tasse. In einem anderen Bereich ist das Wort »Kaffee« abgespeichert. Und ein dritter informiert uns über den Schmerz, wenn wir uns daran verbrühen. Die Neuronen in den Bereichen »braune Flüssigkeit in Tasse« feuern also, wenn der Kollege uns einen hinstellt, und ebenso vermitteln sie die Botschaft »Schön, Kaffee!«. Und weil sie das gleichzeitig tun, werden die Synapsen, die Verbindungen zwischen den Neuronen, dicker und leistungsfähiger.

Nun haben wir uns aber auch schon oft im Leben an der Kaffeetasse verbrannt. Und jedes Mal ging auch dann das Nervenfeuer los und hat dabei auch diese Neuronenverbindung gestärkt.

Nun macht unser Gehirn etwas, das für all das Wissen unseres Menschseins verantwortlich ist: Es aktiviert nicht nur jene Neuronen, die gerade stimuliert werden. Es schiebt darüber hinaus den Reiz noch ein bisschen weiter.

Zu Regionen, die besonders gut mit den aktiven Bereichen im Gehirn vernetzt sind. In diesem Fall: Schmerz. Das ist die Warnung. Deshalb empfinden wir manchmal Trauer, wenn wir einen Menschen sehen, den wir einst geliebt haben. Deshalb werden wir wütend, wenn wir alte Feinde aus früheren Firmen sehen oder in Sozialen Netzwerken von ihren Erfolgen lesen müssen. Und deshalb sind wir vorsichtig, wenn wir die Kaffeetasse zu den Lippen führen, und pusten erst einmal den Dampf weg. In unserem Gehirn war die Region aktiv, in der der Schmerz gespeichert war. So funktionieren Assoziationen und Erinnerungen. So funktioniert Lernen. Englischsprachige Neurologen haben dafür den schönen Merksatz:

Neurons that fire together, wire together.

Wir könnten sagen: Neuronen, die zusammen feuern, verkabeln sich. Naja. Jedenfalls wird es Zeit, dass wir unserem Gehirn die Regeln diktieren. Und nicht umgekehrt.

Wie wir von den ganz Harten lernen können

Hier ist ein bisschen Fantasie gefragt und ganz viel Gedankenkontrolle. Fangen wir mit dem Fantasieteil an. Stellen Sie sich einen Mann an einer Mauer vor, rote Jacke, schwarze Hose. Das ist Alex Honnold, und das Foto machte ihn berühmt. Vor ihm geht es 550 Meter in die Tiefe, das ist ein bisschen mehr als der Berliner Fernsehturm plus Kölner Dom. Der Vorsprung, auf dem er steht, heißt »Thank God Lodge«. Er ist so tief, wie Alex' Füße lang sind. Alex scheint die Sonne ins Gesicht. Er hat kein Seil und er hat keine Angst.

Diese Geschichte ist wichtig, weil wir alle manchmal Angst vor großen Auftritten haben. Wenn wir zum Chef gerufen werden, wenn wir unsere Ergebnisse vorstellen müssen, vielleicht sogar verteidigen. Bei einem Vorstellungsgespräch oder wenn wir einen Job verlieren oder wenn wir uns völlig neu orientieren wollen. Wir könnten fallen und hart aufschlagen. Es könnte verdammt wehtun. Von Menschen wie Alex können wir lernen, mit dieser Angst umzugehen.

Alex Honnold hatte früher auch mal Angst. Seine Geschichte hat er dem Autoren J.B. MacKinnon erzählt, und der hat sie aufgeschrieben, um anderen Menschen zu zeigen, wie wir unsere Ängste bekämpfen können.[36] Vor einigen Jahren untersuchte die Neurologin Jane E. Joseph Alex Honnolds Gehirn und stellte fest: Jetzt hat er keine Angst mehr. Sie schob ihn in ein Magnet-Resonanz-Tomographie-Gerät, das sogenannte MRT. Falls Sie schon mal ernsthaft auf den Kopf gefallen sind oder ihr Sehnerv eine ungewöhnliche Form hat, dann kennen Sie das vielleicht. Ein MRT-Gerät sieht aus wie ein sehr großer Donut, und in das Loch in der Mitte schiebt man Menschen rein, die idealerweise keine Platzangst haben sollten. Das Gerät liefert dreidimensionale Scans des Gehirns oder anderer Körperteile, die die Wissenschaftler sich dann anschauen. Außerdem können sie Reaktionen auf bestimmte Reize testen.

Jane E. Joseph zeigte Alex Honnold grausame Bilder, unter anderem brennende Kinder und blutig geprügelte Gesichter. Sie wollte testen, ob seine Amygdala reagiert, also der Bereich im Gehirn, der uns vor Gefahr warnt und unseren Körper darauf vorbereitet, ihr zu begegnen. Anschließend fällt unsere Handlungsentscheidung im Hypothalamus, gleich neben der Amygdala. Den Befehl dazu schickt er über den Sympathikus, das sympathische Nervensystem. Unsere Hände werden schwitzig, die Pupillen weiten sich, wir bekommen einen Tunnelblick, und wir verlieren unseren Appetit. Das Nebennierenmark schüttet die Stresshormone Adrenalin und Noradrenalin aus und noch circa 30 weitere Hormone. Also kein Gewürzcocktail, sondern gleich ein ganzes indisches Gericht mit allen Aromen. Daraufhin schlägt das Herz schneller, die Venen verengen sich, der Blutdruck steigt, wir atmen schneller und tiefer. Wir produzieren weniger Speichel, der Mund trocknet aus. Verdauung wäre Energieverschwendung, der Körper stoppt sie. Alle Mann klar zum Angriff. Wer auch nur leichte Flugangst hat, der kennt das Problem vielleicht: Selbst nach kurzen Reisen geht für einige Tage nichts mehr.

Die Amygdala, die den Befehl für diese Vorgänge losgeschickt hat, nennt man deshalb auch das Angstzentrum unseres Gehirns. Sie ist der Kapitän. Der Hypothalamus ist der Deckoffizier, der den Befehl quer durchs Schiff brüllt. Die Stresshormone im Blut und die elektrischen Reize im sympathischen Nervensystem sind seine Boten.

Wenn die Reaktion unserer Amygdala nicht von anderen Bereichen im Gehirn kontrolliert wird, haben wir vielleicht keine Angst, aber dafür könnten wir auch Drogenprobleme entwickeln und jeden Sinn für zu viel Nähe verlieren. Wir werden aufdringlich, weil die Kontrollinstanz im Gehirn umgangen wird. Auch nicht optimal.

Alex Honnold hat ein völlig normales Gehirn, inklusive funktionsfähiger Amygdala. Die Bilder stressten ihn trotzdem nicht. So wenig, wie er Angst vor großen Höhen hat und dem Klettern ohne Seil.

Das gleiche Experiment machte Dr. Joseph mit einem weiteren »High Sensation Seeker«, man könnte die zwei als Stress- oder Adrenalin-Junkies bezeichnen. Auch der andere fühlte sich von den Bildern nicht gestresst oder sonstwie negativ beeinflusst. Doch die Reaktionen der beiden auf die Bilder waren absolut unterschiedlich. Die Amygdala des anderen funkte Alarm in den Körper, während Alex' Körper still blieb.

Die Neurologin machte daraufhin ein weiteres Experiment. Alex sollte nach bestimmten Signalen einen Knopf drücken. War er schnell genug, bekam er Geld zur Belohnung. Die Ergebnisse waren die gleichen. Beide Männer drückten den Knopf, beide Männer wollten gewinnen. Doch Alex' Gehirn blieb ruhig, und das Gehirn der Vergleichsperson schoss ein Neuronenfeuerwerk ab.

Jane E. Joseph entwickelte dadurch eine Theorie. Sie vermutete, dass seine Amygdala entspannt blieb, weil Alex die Situationen einfach nicht als stressig wahrnahm und die Bilder nicht als bedrohlich. Und genau das Gleiche könnte auch beim Klettern passieren.

Alex hatte in früheren Jahren durchaus Angst. Aber er wollte unbedingt solo klettern – primär, weil er zu schüchtern war, um sich einen Kletterpartner zu suchen, so sagt es die Legende. Mit 19, allein und ohne Seil, klammerte er sich verzweifelt an jeden Stein. Er hatte Todesangst. Doch wie gesagt: Klettern, allein und ohne Seil, war genau das, was er wollte. Und hier lag der erste Schritt: Eine Herausforderung, auch wenn sie unsere innere Stärke überfordert, meistern wir, wenn wir es wirklich wollen.

Herausforderungen annehmen

Alex legte sich eine mentale Rüstung zu, wie er es nennt. Dem Autoren J.B. MacKinnon sagte Alex: »Für jede harte Stelle, die ich allein geklettert bin, kletterte ich etwa hundert einfache.« So gewöhnte sich sein Gehirn an die Herausforderung. Steine brechen, Füße rutschen, Ameisen beißen in die Finger – Kletterer haben vor vielem Angst. Aber sie lernen, damit umzugehen. Und die Schwelle, an der die Angst beginnt, wird höher.

Ich habe das selbst erlebt: Beim Kraxeln auf Sardinien brach einmal ein Stein unter meinen Fingern ab. Ich fiel, riss mir den Arm vom Ellenbogen bis zur Hand auf und landete sauber auf beiden Füßen. Danach bin ich 18 Monate lang nicht geklettert und hatte Höhenangst auf jeder Treppe – vom Atrium meines damaligen Redaktionsgebäudes mit 13 Stockwerken und gläsernen Fahrstühlen ganz zu schweigen. Das ging so lange, bis ich dann doch wieder zum Bouldern ging und innere Höllenqualen litt. Eine Freundin schleppte mich schließlich in eine Seilkletterhalle und sicherte meinen Aufstieg. In zehn Metern Höhe klammerte ich mich an die blauen Griffe und wünschte mir einen Flaschengeist, der mich ganz schnell ins Bett zaubert. Es kam keiner. Aber mein Kopf vergaß die Angst vor der Höhe, und beim Bouldern in vier, maximal fünf Metern Höhe war alles plötzlich viel einfacher. Mein Gehirn war neu verdrahtet, und die Assoziation »Höhe = fallen können = lieber sein lassen« war nicht mehr da. Dazu kam, dass ich wirklich wieder bouldern wollte. Schwierige Kletterprobleme in vergleichsweise geringer Höhe sind genau das, was mein Gehirn unter Spaß versteht. Ich wollte den Erfolg, so wie Alex Honnold und mein Kollege aus dem Studium.

Alex gilt als Extremfall. Sein Gehirn hat gelernt, dass es beunruhigende Situationen meistern kann, deshalb feuert sein Angstzentrum, die Amygdala, nicht mehr, wenn andere noch Angst spüren. Erreicht hat er das mit einer Methode, die auch für uns funktionieren kann: Er antizipiert Routen, stellt sie sich also vorher vor, und die nötigen Bewegungen, wenn etwas schiefläuft. Alex denkt nicht mehr daran, wie er runterfällt und sein Rückgrat bricht. Er stellt sich vor, wie er genau das verhindert und wie er sich hinterher über seinen Erfolg freut. »Vorab-Meditation« nennen die Psychologen das. Das können wir auch tun, es ist der zweite Schritt: Statt unser Versagen zu visualisieren, stellen wir uns den Erfolg vor. Den Weg dorthin und das Gefühl, wenn wir es geschafft haben. Und diese Methode ist es, die wir von Menschen wie Alex Honnold lernen können. Nicht nur Erfolg gibt uns Kraft – auch das Gefühl, das wir in der Erwartung des Erfolgs haben, macht uns stark.

Selbstkontrolle erfordert Training

Wir müssen uns immer wieder selbst daran erinnern, und wir müssen aufmerksam sein für jene Gedanken, die uns niedermachen wollen. Und diese Gedanken werden kommen, sie kommen immer. Und deshalb ist es relativ sinnlos, mit etwas anzufangen, das wir nicht wirklich wollen. Ich könnte auch mal meine Angst vor Spinnen therapieren lassen, aber ich bin ja nicht blöd. Wenn ich keine Angst mehr habe und in ihre Nähe gehe, dann fressen sie mich am Ende auf. Etwas wirklich zu wollen, gibt uns einen Anreiz, Strategien anzuwenden, mit denen wir die Angst-Symptome bekämpfen können. Zum Beispiel, indem wir uns unseren Erfolg vorstellen.

Wenn unter Druck nicht Diamanten entstehen, sondern Organschäden

Kennen Sie diese Phrasenkombination?
Ich brauche wenig Schlaf.
Unter Druck arbeite ich am besten.
Multitasking ist mein Spezialgebiet.

Das ist die heilige Dreifaltigkeit des organisierten Selbstbetrugs.

Ein bisschen Stress tut uns gut, keine Frage. Er verengt unsere Wahrnehmung auf das Nötigste und daher kommt der Spruch »Ich habe so lange ein Motivationsproblem, bis ich ein Zeitproblem habe.« Anders formuliert: Erst wenn uns der Arsch auf Grundeis geht, sind wir bereit, Ablenkungen aufzugeben und uns an die eigentliche Aufgabe zu setzen. Wir sind fokussiert, weil wir es sein müssen. Das ist der gute Stress. Deshalb setze ich meinen Studenten grundsätzlich kurze Deadlines mitten im Semester. An ihrer Arbeitszeit ändert das nichts, aber es entschlackt die heiße Phase kurz vor den Klausuren. Machbare Deadlines verbessern übrigens unsere Konzentrationsfähigkeit. Der Psychologe Mihály Csíkszentmihályi zählt sie zu seinen Flow-Bedingungen, unter denen wir besonders effizient und zufrieden arbeiten.

Bis heute reagiert unser Körper auf Drucksituationen mit dem, was unseren Vorfahren das Leben rettete: Stresshormone werden ausgeschüttet, wir sind bereit zu Kampf oder Flucht. Das ist gut, wenn die Aufgabe lösbar ist, also unseren Fähigkeiten und Möglichkeiten entspricht. Fühlen wir uns hingegen überfordert, oder legt man uns Steine in den Weg, entsteht schnell ein Gefühl der Machtlosigkeit. Das schadet uns körperlich und seelisch.

Wer an schwacher Impulskontrolle leidet, der merkt vielleicht bald, dass er jeder kurzen Idee nachgeht[37]: kurz mal auf Facebook schauen, nur fix die neue E-Mail lesen. Was wir dabei nur allzu gern ausblenden: In Sozialen Netzwerken steht ständig etwas Neues, und die nächste E-Mail kommt bestimmt. So folgt ein Impuls auf den nächsten.

Unter Druck entstehen nicht Diamanten, sondern Organschäden. Bei Stress schüttet unser Körper bestimmte Hormone aus, die uns eigentlich fit für die Bedrohungslage machen sollen. Doch Adrenalin, Noradrenalin und Cortisol schaden unserem Körper. Der Blutdruck steigt, das Herz schlägt schneller und Arterien verkalken. Das kann zum Schlaganfall führen oder zu einem Herzinfarkt. Wem das noch zu weit weg erscheint, der sollte mal auf seinen Bauch hören. Wenn es blubbert und man öfters aufs Klo muss, stört der Stress die natürlichen Darmbewegungen. Das ist auch ganz logisch: Wer gerade um sein Leben kämpft, der möchte nicht abgelenkt werden. Doof halt, dass unser Körper denkt, wir rennen um unser Leben, wenn wir eigentlich nur Angst haben, eine Präsentation zu verbocken.

So entsteht übrigens auch der berüchtigte Hungeranfall unter Stress. Die Snackbox in meinem Büro hat mir einmal fünf total unnötige Kilos beschert. Und das nur, weil mein Körper dachte, er müsste für den alltäglichen Kampf Energie tanken und Fettpolster anlegen. Ein Verlangen nach Baldriantee hätte mir vermutlich viel eher weitergeholfen.

In Stresssituationen, die alles andere als lebensbedrohlich sind, wäre eigentlich unser Hippocampus gefragt, erläutert

Rick Hanson.[38] Genau dieser Teil des Gehirns beruhigt uns schließlich in stressigen oder bedrohlichen Situationen. Die Zellen des Hippocampus sind aber ebenfalls verdammt anfällig für das Stresshormon Cortisol – genauer gesagt: Es rafft sie dahin. Der Hippocampus schrumpft. Deshalb kann er seine Funktion nicht mehr so gut erfüllen, wenn wir dauerhaft unter Stress stehen. Konkret heißt es, dass wir weniger in der Lage sind, negative Empfindungen ins Verhältnis zu all dem Guten zu setzen. Oder anders formuliert: Sobald wir uns ärgern, vergessen wir, wie gut unser Tag eigentlich sein könnte. Und das kann ja bekanntlich schon in der U-Bahn beginnen. Über mehrere Tage hinweg wird unsere Stressresistenz immer geringer. Nicht, weil wir zu schwach sind, unter Druck zu performen. Sondern weil in unserem Gehirn ein sehr normaler neurologischer Prozess abläuft.

Resiliente Menschen können Emotionen besser einordnen

Menschen, die besonders stressresistent sind, bemerken viel genauer, was in ihrem Körper passiert. »Extreme Resilience« nennen dies die Wissenschaftler. Im Deutschen sprechen wir oft von extremer Widerstandsfähigkeit. Doch Resilienz ist eigentlich noch etwas mehr. Sie beschreibt, wie gut wir uns an eine Situation anpassen können, Anforderungen gerecht werden und dabei schnell zu unserem normalen Gemütszustand zurückkehren. In kleinen Studien fanden Psychologen und Neurowissenschaftler Hinweise darauf, dass Menschen, die mit hohen Anforderungen besser zurechtkommen, auch besser darin sind, Emotionen zu erkennen – die anderer, aber auch ihre eigenen.[39] Wer seinen Körper vor den Stressfolgen schützen will, der sollte also genau diese Fähigkeit trainieren. In Studien werden gern Elitesoldaten und Extremsportler herangezogen. Doch sollten wir nicht vergessen: Auch wenn es nicht wirklich ums Überleben geht, in unserem Körper laufen bei Stress immer wieder die gleichen Prozesse ab. Psychologen und Neurowissenschaftler haben die Sportler und Soldaten in »Mindfulness« trainiert, was wir Achtsamkeit nennen. Vorher und hinterher maßen sie die Aktivität des Inselcortex bei Bedrohungen. Der Versuch forderte die Teilnehmer: Die Soldaten konnten nicht richtig einatmen. Durchaus eine gängige Methode, um Stressresistenz zu testen. Wer 20 Stunden »mindfulness-based mind fitness training« hatte, dessen Inselcortex reagierte deutlich milder auf die Atemnot.[40] Aber keine Sorge, wir müssen uns nicht aufs entspannte Ersticken trainieren. Achtsamkeit hingegen könnten wir uns ruhig mal näher ansehen. Sie funktioniert nämlich auch bei chronischen Schmerzen, Angst und Niedergeschlagenheit.

Es begann mit einer Gruppe von Studenten, die sich acht Wochen lang für je einige Stunden zusammensetzten und Achtsamkeit übten. Das war 1979. Heute ist das Trainingsprogramm »Mindfulness-Based Stress Reduction« überall bekannt. Weltweit können Menschen nun Kurse besuchen und lernen, was der Molekularbiologe Jon Kabat-Zinn lehrt. Sein Verdienst ist es, Meditationsübungen von ihrem esoterischen Image zu befreien und einem breiten Publikum zugänglich zu machen.

Kabat-Zinn beschreibt Mindfulness als die Achtsamkeit, die entsteht, wenn wir aufmerksam sind und uns bewusst auf die Gegenwart konzentrieren, ohne sie zu bewerten. Klingt einfach? Dann versuchen Sie mal, Ihre gegenwärtigen Empfindungen zu beobachten, ohne sie zu verurteilen oder auch nur zu bewerten – schon wird es schwierig. Level 2: Und jetzt halten Sie die Konzentration auf sich selbst mal drei Minuten durch. 180, 179, 178, 177, 176 ... gar nicht so einfach. (Ich weiß, Sie lesen weiter. Freut mich ja. Aber probieren Sie es doch trotzdem mal aus.)

Achtsamkeit ist also etwas, das wir trainieren müssen. Die Fähigkeit dazu trägt jeder von uns in sich, sie macht uns zu Menschen. Der Journalist Barry Boyce definiert sie als elementare menschliche Fähigkeit, vollkommen präsent und bewusst in dem zu sein, wo wir sind und was wir tun. Und von dem, was um uns herum passiert, sind wir dann nicht überwältigt und in einem reinen Reaktionsmodus. Die Kernaussage ist doch: Wir können das schon, so wie wir laufen oder radfahren. Wir müssen es nur ein wenig trainieren.

Gut für den Start sind Atemübungen: Hinsetzen oder hinlegen, Hauptsache bequem. Augen schließen. Einatmen, ausatmen, in Dauerschleife. Wahrscheinlich fährt bald ein Auto vorbei, oder das Nachbarskind weint, aber das ist egal. Weiteratmen. Die Geräusche einfach Geräusche sein lassen. Mir juckt dann nach viel zu kurzer Zeit der Hals – einfach jucken lassen.

Achtsamkeit = Aufmerksamkeit ohne Reaktion

Ein Moment, in dem wir einfach nur wahrnehmen – und zwar zuallererst uns selbst. Etwas aktiver machen wir das zum Beispiel beim Yoga und beim Pilates. Die Trainer erinnern immer wieder daran, den eigenen Körper zu spüren. Etwas, das wir im Alltag eher selten tun. Wenn Sie eine Frau sind, dann spüren Sie möglicherweise regelmäßig Ihre Zehenspitzen in den neuen Schuhen und versuchen, das Zwicken zu ignorieren. Genau das tun wir jetzt nicht. Die Zehen dürfen zwicken. Das Zwicken gehört zum Tag dazu.

Ganz ungewohnt ist für uns auch die Übung, den Körper einmal durchzuscannen, vom Scheitel bis in die Zehenspitzen. Wo sitzt ein Schmerz, wo eine Verspannung, wo ist es gerade warm, wo kalt? Über den Alltag haben wir unsere Körperwahrnehmung verloren, wenn wir sie überhaupt jemals hatten. Es ist also nur natürlich, dass wir diese Fähigkeit wieder trainieren müssen. Und es lohnt sich: Wer sich seiner selbst stärker bewusst ist, der reagiert schwächer auf den Druck des Alltags. Und das wiederum schont den Körper.

Ich habe mir deshalb eine Meditations-App installiert: Headspace. Die Idee: Zehn Minuten am Tag setzen wir uns hin und meditieren nach der Anleitung einer Stimme, bislang leider nur in englischer Sprache. Statt eine Übung am Tag zu machen, probierte ich es anfangs gleich mehrmals. Bald war ich voller Vorfreude, bevor ich eine neue Lektion anhörte. Und danach angenehm geerdet, bereit für den Tag. Das ging so lange, bis ich meine neu gelernte Achtsamkeit dann doch mal ausfallen ließ. Ich arbeitete viel, musste einen Umzug organisieren und war erkältet. Und irgendwann freute ich mich gar nicht mehr auf die Übungen. Sie erschienen mir wie eine lästige Pflicht, und die App-Erinnerungen machten mir ein schlechtes Gewissen. Als ich nach drei oder vier Monaten wieder einstieg, war ich sofort … begeistert. Wer hätte das gedacht? Vielleicht hätte ich meinen inneren Widerwillen schon eher mal überwinden sollen.

Jon Kabat-Zinn hat zu diesem Phänomen in einem Podiumsgespräch an der Universität Berkeley mal gesagt, dass die Bedingungen eigentlich nie stimmen, um im Augenblick präsent zu sein.[41] Und wenn das stimmt, dann könnten wir es ja eigentlich immer machen.

Wie Monotasking funktioniert

Schön, dass Sie noch da sind. Es fällt vielen Menschen heutzutage wahnsinnig schwer, ein Buch zu lesen. Ständig piepst irgendwas. Entweder die Chefin will was, der Steuerberater oder die kleine Schwester. Alle drei halten sie uns regelmäßig vom Arbeiten ab. Früher war man mal stolz drauf, wenn man mit Kopf und Händen gleichzeitig an verschiedenen Dingen arbeiten konnte, das galt als Ausweis besonderer Leistungsfähigkeit. Heute lautet die Botschaft aus der Wissenschaft: Multitasking ist Mist.

Es funktioniert nicht. Wir meinen, wir haben die Ressourcen, uns nebenbei um all die kleinen Dinge zu kümmern: E-Mails, Fragen von Kollegen, Soziale Netzwerke. Aber das ist erstens falsch und zweitens Selbstbetrug. Multitasking macht nicht produktiv, schneller oder flexibler. Es macht uns langsam und bringt uns durcheinander. Ablenkung macht uns außerdem unglücklich, es werden mehr Stresshormone ausgeschüttet, und am Ende des Tages können wir uns weniger gut daran erinnern, was wir eigentlich getan haben.

Weil Unternehmen Menschen mit Produkten und Dienstleistungen glücklich machen wollen, haben sich zwei Marketing-Professorinnen mit der Vielfalt der Eindrücke beschäftigt. Jordan Etkin und Cassie Mogilner fanden heraus, dass wir am Glücklichsten sind, wenn wir in einer Stunde möglichst wenige unterschiedliche Dinge tun. Über einen Tag verteilt, gern auch in längeren Zeitspannen, befriedigt uns hingegen die Abwechslung am meisten.[42] »Das liegt daran, dass die Konsumenten sich stimuliert und produktiv fühlen«, schreiben die Wissenschaftlerinnen in ihrer Studie. Und: »Abwechslung ist die Würze des Lebens – und nicht die Würze einer Stunde.«

Sich Zeitfenster für konzentrierte Stillarbeit zu schaffen, mag verdammt schwierig sein, aber es lohnt sich. Wir können Dinge in einem Rutsch erledigen, statt immer wieder neu anzusetzen. Niemand stört einen Gedanken dabei, sich zu entwickeln und zu einer tollen Idee zu formen. Und wer keine Störung erwartet, der steckt all seine mentalen

Ressourcen in seine eine Aufgabe. Unser Gehirn muss schließlich keine Sinneseindrücke auf ihre Relevanz und ihr Bedrohungspotential hin untersuchen. Schritte hinter dem Schreibtischstuhl bedeuten nicht mehr, dass die Chefin im Nacken sitzt und daher der Satz schnell fertig getippt werden muss. Das Radarsystem, mit dem wir unsere Umgebung untersuchen, wird runtergefahren. Wir sind in Sicherheit. Wir können in Ruhe arbeiten.

Dieses Sicherheitsbedürfnis haben die Erfinder von Cubicle und Großraumbüro vollkommen außer Acht gelassen. Dabei ist es Millionen von Jahren alt.

Einmal war ich bei einer Hochzeit in Polen. Es war früher Oktober, goldene Tage, verregnete Abende, ein Schloss an einem langen See, ein winziges Dorf, drumherum Wald, Hügel, vergessene Friedhöfe. Ich ging auf einen langen schlammigen Herbstspaziergang, links von mir der See und etwa alle 500 Meter ein mehr oder weniger windschiefer Steg. Rechts von mir ging es steil bergauf in den Wald hinein. Von oben vereinzelte Sonnenstrahlen, zu meinen Füßen Spuren von Paarhufern und bunte Blätter im Matsch. Wälder sind sehr stille Orte, aber in Deutschland hören wir doch allzuoft die nächste Autobahn oder Landstraße. In Polen sind Wälder stillere Orte, da rauschen die Blätter, und ansonsten hört man eigentlich nur sich selbst. Bis auf dieses plötzliche Röhren hinter mir. Ich blieb stehen. Mein Puls rauschte in den Ohren. Ein Hirsch, der gleich wieder im Dickicht verschwand.

Diese Begegnung hat mir verdeutlicht, wie das Leben ursprünglich einmal funktionierte. Unsere Sinne sind dazu da, aus dem Rauschen der Baumkronen und dem Knacken der Äste unter den eigenen Schritten mögliche Gefahren herauszufiltern.

Wir Schreibtischtäter sind also die ersten Menschen, die sich so richtig auf eine Aufgabe konzentrieren müssen. Woher sollen unsere Gehirne wissen, wie das geht?

Gäbe es keine Gefahren, könnte unser Gehirn einzelne Sinne auch einfach abschalten. Während ich dieses Kapitel schreibe, ist mein Gehör eher lästig. Wer Beeren sammelt oder Kaninchen jagt, der sollte besser auf seine Umgebung hören. Doch wer heute Kunden-E-Mails für einen Dienstleister beantwortet, der wird dabei nicht von Wildschweinen angegriffen. Das ist die erste Hürde der Konzentration: Von Anbeginn der menschlichen Evolution an mussten wir uns vor Feinden schützen. Unser Gehirn hat es gar nicht anders gelernt.

Das zweite Problem ist neuer, moderner.

Sie ahnen es. Spätestens an diesem Punkt haben Sie zwischendurch mal auf Ihr Telefon geschielt, richtig? Dann sind Sie wie die meisten Menschen, nämlich total normal. Selbst während ich diesen Text schreibe, bin ich nicht frei von Ablenkung. Und das, obwohl ich quasi unter Idealbedingungen arbeite: allein, zuhause, in einem spärlich eingerichteten Wohnzimmer mit hübschen – geschlossenen – Gardinen. Aber eben mit digitalem Kontakt zur Außenwelt, denn neben mir liegt ja noch das Smartphone.

Wir haben uns das Multitasking antrainiert

Weil wir nicht mehr auf Wildschweine achten müssen, sucht das Gehirn sich nun andere Ablenkung. Wir haben uns daran gewöhnt, bei Leerlauf Impulse zu suchen, zum Beispiel kurz mal die Display-Sperre aufzuheben und zu schauen, ob es etwas Neues gibt. Nächsten Sonntag können Sie das ausprobieren: Gehen Sie ohne Telefon raus, allein. Und beobachten Sie sich einmal selbst: Was sind das für Augenblicke, in denen Sie Ihr Telefon vermissen? Vermutlich sind es die, in denen Sie gerade nicht wissen, an was Sie denken sollen. Ein kurzer Leerlauf und das Gehirn sagt: Check doch mal, was bei deinen Freunden so los ist. Das Gleiche passiert uns sogar in Gesprächen. Egal, wie gut sie sind, egal, was der andere gerade erzählt: Nur ein kleiner Impuls ist nötig, und wir greifen zum Telefon. Hand hoch, wer deshalb noch keinen Beziehungsstreit hatte.

Doch dies ist keine Kritik an Smartphones, sondern eine Kritik an der Ablenkung. Und damit ist es auch eine Kritik an uns selbst, denn wir lassen die Ablenkung zu. Rechnen Sie mal aus, wie viel früher Sie Feierabend machen könnten, wenn Sie seltener abgelenkt würden.

In empirischen Studien wurde herausgefunden, dass schon die Unterbrechung von durchschnittlich 2,8 Sekunden in Experimenten die Zahl der Fehler verdoppelte, die Testpersonen bei Aufgaben machten.[43] Wer für 4,4 Sekunden gestört wurde, der machte dreimal so viele Fehler, berichten der Psychologie-Professor Erik Altmann und seine Kollegen. Sie hatten 300 Testpersonen Aufgaben an Computern lösen lassen und sie dabei immer wieder abgelenkt.

Aber was spricht eigentlich dagegen, beim Telefonieren den Schreibtisch sauberzumachen? Im Hörsaal zu stricken? Beim Nachrichtenlesen die Zähne zu putzen? Für gutes Multitasking rieten Experten wie der Psychologe John A. Bargh früher dazu, eine Sache zu machen, die den Kopf fordert, und eine, die völlig automatisch geht.[44] Routinen sollen unseren Kopf entlasten, daher kommt auch der Trend zu Morgenritualen. Die Soziologin Christine Carter erzählt in ihrem Buch »The Sweet Spot« von ihren Ritualen. Sie steht früh am Morgen auf, das ist ihr Trigger für 10 Minuten Meditation, dann sieben oder 14 Minuten Workout. Vor dem Einschlafen räumt sie zehn Minuten auf und telefoniert dabei noch etwas.

Die Idee der Rituale ist gut. Ein Ritual, das von etwas Regelmäßigem ausgelöst wird – in Christines Fall aufwachen oder einschlafen – wird mittelfristig fest im Gehirn verankert. Aus dem Ritual wird eine Gewohnheit.

Dennoch sollten wir die Kraft von Ritualen nicht überschätzen. Auch für Gewohnheiten brauchen wir unser Gehirn. Schon im Jahr 1984 merkten Wissenschaftler, dass die meisten unserer angeblich automatischen Tätigkeiten gar nicht so automatisch ablaufen.[45] Lesen, fahren, laufen, tippen? Das Gehirn ist dabei. Vielleicht kommen Sie meistens ganz gut durch diesen Text, aber sobald ich anfange, Sie mit heterogenen Termini zu maltraitieren und dabei auch noch ungewöhnliche Schreibweisen auffahre, sind

Sie wieder wach. »Heterogene Termini« ist der Fachbegriff für Fremdwörter und »maltraitieren« hat man früher wirklich mal so geschrieben. Fahren funktioniert nie lange automatisch, als Neu-Berlinerin kann ich das bestätigen. Wer glaubt, laufen könnten wir mittlerweile automatisch, der ist noch nie mit High Heels vor der Haustür gewesen. Und tippen ging früher mal wie von selbst, dann kam die Autokorrektur und nun ist es ein nie enden wollender Kampf.

Unser Kopf greift ein

Wir sind sehr gut darin, kleine Abweichungen zu managen, Autofahren mit Beifahrer müsste sonst wohl verboten werden. Doch »automatisch« passiert das nicht. Deshalb dürft es auch schwierig werden, vom Beifahrer gestellte Rechenaufgaben zu lösen, wenn um uns herum die Rush Hour tobt. Und deshalb passieren häufig Unfälle mit Fußgängern, wenn die auf ihr Smartphone schauen. Dafür braucht's noch nicht mal den Straßenverkehr, da reicht schon ein gut platzierter Baumstumpf. Wir überschätzen unsere Fähigkeit zum Automatismus, deshalb sind wir abgelenkter, als wir denken.

Die Unkonzentriertheit können wir nicht einfach ablegen. Im Gegenteil, sie verstärkt sich im Laufe der Zeit, wie Stanford-Wissenschaftler herausgefunden haben.[46] Das Problem daran ist, dass wir im Multitasking nicht besser werden und man es nur sehr begrenzt üben kann. Stattdessen lassen wir nur immer leichter ablenken, und dadurch sinkt die Qualität der Arbeit. Wahrscheinlich, so schreiben die Autoren um Clifford Nass, liegt das daran, dass wir immer weiter verlernen, irrelevante Störungen auszublenden. Das Gehirn überprüft jeden neuen Reiz auf seine Relevanz. Und wir sind aktiv dabei, anstatt uns auf das zu konzentrieren, was gerade vor uns liegt. Sei es der Job, der Gesprächspartner, der Lernstoff, das Buch. Wir können nicht loslassen – zu allgegenwärtig ist die Sorge geworden, einer der Reize könnte eine spannende Ablenkung bieten – oder sogar wichtig sein. Selbstkontrolle? Unser Gehirn hat vergessen, wozu die gut sein sollte. Wir haben uns die Ablenkung wieder angewöhnt, obwohl sie gar nicht mehr (lebens-)notwendig ist.

Gewohnheiten sind träge: Es dauert lange, bis wir uns eine neue antrainiert haben – sie aber wieder abzulegen, das dauert noch viel länger. Der Grund liegt auch hier in unseren Neuronen. Wenn der Reiz »Aufstehen« verknüpft ist mit »Kaffee trinken« oder »Laufen gehen«, dann wollen wir das auch jedes Mal. Ohne unsere Routine fehlt uns etwas, da wir uns selbst konditioniert haben. Doch bis diese Verknüpfung entstanden ist, dauert es lange. Das weiß jeder, der gern zum routinierten Morgenläufer geworden wäre, heute Morgen aber doch wieder ausgeschlafen hat und am U-Bahn-Kiosk zum Snickers griff. Während ich dieses Buch schrieb, musste ich phasenweise meinen Facebook-Account sperren. Ich wäre sonst niemals fertig geworden.

5 Das Genie redet sich das Chaos nur schön

Wie sieht Ihr Schreibtisch so aus? Chaotisch oder geometrisch ausgerichtet? Still wie ein See oder eher Bahnhofshallen-Atmosphäre? Eingebunkert oder offen einsichtig? Arbeitsorte können uns nur schwer glücklich machen, unglücklich dafür sehr leicht. Doch zum Glück reichen manchmal kleine Veränderungen am Arbeitsplatz.

Ich möchte Ihnen an dieser Stelle Wohnung und Arbeitsplatz meines Kumpels Christian beschreiben. Christian lebt mit seinem Hund in Berlin-Friedrichshain – Altbau, Holzdielen, spartanisch-schick eingerichtet. Zweimal im Jahr schmeißt er eine Party, und dann räumt er auf. Am Tag danach landet die erste Zeitschrift auf dem Schreibtisch, der erste eher mittelwichtige Behördenbrief auf dem Esstisch. Beides bleibt dann liegen. Auf dem Esstisch liegt etwa einen Monat später ein Stapel. Der Brief von damals? Längst vergessen – war hoffentlich wirklich nicht so wichtig. Darauf liegen jetzt diverse andere Briefe, Werbung von Versicherungen, könnte ja mal interessant sein. Der Katalog eines Möbelhauses, Prospekte von Supermärkten und Formulare, die dann gemeinsam mit diesem Stapel irgendwann abgearbeitet werden, was bestimmt bald ist, denn ein paar interessante Dinge liegen ja wirklich drin.
Der Moment tritt natürlich nie ein.

Der Arbeitsplatz im Büro gibt das gleiche Bild ab: Fach-
zeitschriften, Mitteilungen, Notizzettel von Telefongesprä-
chen aus der Kategorie »Könnte noch mal wichtig werden«.
Dinge, die er eigentlich hätte machen wollen, fallen unter
den Tisch. Andere müssen wir erst mühsam wieder heraus-
kramen, schieben Zettel beiseite, während das schlechte
Gewissen nagt. Schon mal einen Steuerbescheid verlegt,
eine wichtige Quittung, die Zugangsdaten zum neuen
Rechnungsportal? Herzlichen Glückwunsch. So stiehlt uns
das kreative Chaos die Produktivität – und ganz sicher die
gute Laune.

Das kreative Chaos

Wir sind nicht alle wie Christian. Doch selbst die Gründ-
lichsten unter uns geben die Ordnung als Erstes auf, wenn
die Belastung steigt. Chaos bedeutet, dass Sie Dinge suchen müssen. Chaos bedeutet, dass Ihre Sinne abgelenkt
werden von dem, was eigentlich vor Ihnen liegt, hin zu
dem, was um Sie herumliegt. Kreatives Chaos ist das, was
Sie möglicherweise innerhalb eines Prozesses brauchen,
und dafür kann ein allzu ordentlicher Raum tatsächlich
hinderlich sein. Doch wenn zwischendurch einfach nur
jede Menge Zeug rumliegt, ist das zwar Chaos, aber wenig
kreativ.

Das Problem ist nicht nur, dass Unordnung ziemlich be-
scheiden aussieht. Das Chaos um uns herum greift uns
auch mental an. Als Erwachsene haben wir ein Zeitproblem, ein Energieproblem und das Chaos macht viele von

uns ein kleines bisschen verrückt. Zeit und Energie kann ich natürlich nicht herzaubern, ich will aber auch nicht argumentieren, dass das Chaos irrelevant sei. Denn das ist es nicht. Auch deshalb funktionieren Hotel-Urlaub und Backpacking für uns so gut: Wir lassen nicht nur unsere Arbeit daheim, sondern auch all die Dinge, die tagein, tagaus etwas von uns wollen. Sei es in der Wohnung, sei es im Büro. Wir sind überladen.

Die Idee hinter der Unordnung ist meist irgendwie ehrenvoll: Das schaue ich mir demnächst noch mal in Ruhe an. Das lese ich noch. Die Notizen brauche ich vielleicht noch. Doch ist der Grundstein einmal gelegt, entsteht schnell der schiefe Turm des schlechten Gewissens, denn alle diese Dinge hätten doch eigentlich längst angeschaut, gelesen, bearbeitet, wegsortiert sein sollen. Stattdessen müssen wir uns nun an einem anderen Tag völlig neu reindenken, wenn das Gewissen lang genug an uns herum genagt hat. Das kostet dann noch mal Zeit und Energie, die wir zum Arbeiten bräuchten.

Ordnung zu halten macht uns übrigens nicht nur produktiver. Tatsächlich essen viele Menschen in einer aufgeräumten Umgebung gesünder als im Chaos[47], und sie machen sogar mehr Sport. Nur wer auf die Kreativität pocht, der behält recht: Ein wenig Unordnung half den Teilnehmern eines Experimentes dabei, auf ungewöhnliche Ideen zu kommen. Die Sozialpsychologin Kathleen Vohs hat in einem Artikel in der New York Times darüber berichtet.[48]

»Unordentlichkeit hat einen Sinn«, schreibt sie dort, »genau wie Ordentlichkeit.« Vohs und ihre Kollegen luden 188 Menschen in ihr Labor ein. Einige Zimmer räumten sie auf, stellten Bücher ordentlich hin und rückten die Ecken an Papierstapeln zurecht. In anderen richteten sie ein großes Chaos an. Dann bekamen die Teilnehmer des Versuchs die Aufgabe, sich auszudenken, was sie mit einem Tischtennisball so alles anstellen könnten. Das Trinkspiel »Beer Pong«, bei dem Spieler einen Ball in einen Becher werfen, bekam dabei eher weniger Kreativitätspunkte. Die Bälle aufzuschneiden und Eiswürfel darin zu machen, war da schon innovativer, genauso wie der Einfall, sie unter Stühle zu kleben, um den Fußboden zu schonen. Die ausgefalleneren Ideen hatten die Teilnehmer im chaotischen Raum – ein Ergebnis, auf das auch andere Studien hinweisen.

Jetzt müssen wir nur noch ehrlich zu uns sein bei der Frage: Wann ist Kreativität wirklich gefragt, und wann würde uns ein wenig Konzentration eher helfen, ein Problem zu lösen? Die Routinen des Alltags erledigen wir leichter, wenn dieses kreative Chaos einmal Pause macht. Und bis dahin kann auch Aufräumen glücklich machen. Weil es uns nämlich das Gefühl verschafft, das Leben ein wenig in Ordnung gebracht zu haben. Dabei können Ihnen auch die Techniken aus Teil drei dieses Buches helfen.

Was Schall und rauchende Köpfe gemeinsam haben

Musikhören bei der Arbeit ist ein kontroverses Thema. Sie kann ablenken, aber auch die Konzentration stärken, gute Laune machen und gleichzeitig zu mehr Fehlern führen – oder zu weniger. Kurz gesagt: Alles, was man über Musik bei der Arbeit (egal, ob auf voller Lautstärke oder als Hintergrundrauschen) gern erforschen würde, ist auch schon erforscht worden, und die Ergebnisse sind ambivalent.

Zumindest lässt sich sagen, dass Geräusche und Musik einen Einfluss auf unsere Konzentrationsfähigkeit haben. Meine Freundin Mira zum Beispiel schwört, dass sie ohne Geräusche nicht arbeiten kann. Unglücklicherweise ist sie Freiberuflerin und arbeitet allein zuhause. Keine Kollegen, keine Kaffeemaschine, kein Kopierer. Immerhin wohnt sie in Berlin-Schöneberg über einer belebten Straße, wo unten ständig Passanten mit ihren Diskussionen, ihrem Gelächter und ihren spannenden Geschichten am Telefon flanieren.

Ich bin da ganz anders. Ich brauche meine Ruhe. Selbst im Hochsommer schließe ich meine Terrassentür und sperre die Welt aus. Die Waschmaschine darf nur am Abend laufen, und wehe, die Lüftungsanlage im Badezimmer atmet zu laut. Der Rhythmus meiner Finger auf der Tastatur hält mich wach und gibt mir gleichzeitig Feedback, ob alles so läuft, wie es soll. Das geht so weit, dass ich manchmal gedankenlos auf den Tisch klopfe, wenn ich den letzten Absatz nochmal lese. Das ist eigentlich merkwürdig. Ich arbeitete nämlich mal in einem Großraumbüro und konnte mich dort ausgezeichnet konzentrieren – mit rund 80 anderen Menschen um mich herum.

Warum diese Gegensätze? Nun, es gibt verschiedene Kategorien von Geräuschen. Vom Baulärm von gigantischen Bohrern über Kreissägen bis zu Hammerschlägen zum Beispiel. Dieser Krach kann einen langsam auffressen. Alltäglicher sind Kollegen und ihre Geräusche, etwa in einer offenen Büroküche, normaler Straßenlärm oder die Einflugschneise eines Flughafens.

Auch Musik ist nicht gleich Musik. Verhaltenswissenschaftler haben ein Experiment durchgeführt, bei dem Testpersonen bei Kooperationsaufgaben verschiedene Songs vorgespielt wurden[49], darunter das altbekannte »Walking on Sunshine« von Katrina and the Waves, aber auch Heavy Metal wie »Smokahontas« von Attack Attack, oder gar keine Musik. Gelang die Aufgabe, bekamen die Teilnehmer Geld und hatten am Ende die Wahl, es mit nach Hause zu nehmen oder es in einen Kollegentopf zu werfen, der zum Schluss multipliziert und an alle ausgeschüttet wurde. Warfen also alle etwas rein, so bekam jeder am Abend deutlich mehr Geld, als er eingezahlt hatte. Spendete hingegen nur einer, so würde er Verlust machen, und alle anderen hätten einen kleinen Gewinn erhalten. Das Resultat des Versuchs: Wer Heavy Metal hörte, der spendete in der Regel weniger. Und das liegt übrigens nicht daran, dass die Menschen nach »Walking on Sunshine« so wahnsinnig gute Laune hatten, sondern mutmaßlich am Rhythmus der Musik, der das Bedürfnis nach Kooperation auslöste. Das liegt daran, dass Musik in uns Gefühle hervorruft, die auf neurochemischen Prozessen beruhen. Tatsächlich gibt es bereits Hinweise darauf[50], dass bei Musik die Neurotransmitter Dopamin, Serotonin und Oxytocin auf unser Gehirn wirken, während das Stresshormon Cortisol und seine Kollegen eher in Schach gehalten werden. Das wäre also gleich ein ganzer Gefühlscocktail: Dopamin macht wach und motiviert uns, es wirkt unter anderem im Nucleus Accumbens, dem Belohnungszentrum im Gehirn, und im Ventralen Tegmentum, das dazu beiträgt, unsere Emotionen zu regulieren. Serotonin wirkt zum Beispiel auf unsere Verdauung und das Herz. Oxytocin stärkt unsere Verbindungen untereinander.

Im Hippocampus wird das »Kampf oder Flucht«-Gefühl reguliert, das wir unter Stress empfinden. Hier beobachteten Wissenschaftler, wie sich der Bereich im Gehirn unter leichter Musik beruhigte. Der Einfluss des Stresshormons Cortisol könnte so eingedämmt werden. Es gibt sogar schon Untersuchungen, die der Musik zuschreiben, Schmerz zu lindern – probieren Sie das mal beim Zahnarzt.

Cortisol und seine Freunde

Die Neurowissenschaftler Mona Lisa Chanda und Daniel J. Levetin kritisieren an diesen Studien primär die geringe Zahl der Probanden und die Tatsache, dass in den Versuchen die Wissenschaftler die Musik ausgewählt hatten. Hier ist also noch sehr viel Raum für Forschung. Der Effekt selbstgewählter Musik könnte durchaus größer sein. Und wie er in seinen Facetten funktioniert, das wissen wir auch noch nicht.

Ein bisschen Musik in der Mittagspause ist aber durchaus mal einen Versuch wert, selbst für Menschen, die es sonst lieber ruhig bei der Arbeit haben. Andere Menschen, die von Baulärm, lauten Kaffeemaschinen und temperamentvollen Gesprächen geplagt werden, brauchen vielleicht gerade zur Abwechslung mal etwas Stille, damit sich das Gehirn erholen kann.

Stimmen sind übrigens wahre Ablenkungsautomaten, das gilt sowohl für Musik mit Text als auch für die Diskussion am Nebentisch. Die Konzentration *singt* mit, weil unsere Gehirne auf die Wahrnehmung anderer Stimmen eingestellt sind. Deshalb können wir uns auf Partys oder in diesen modischen Klamottenläden mit wummernden Bässen auch bei größtem Lärm unterhalten, selbst wenn beide sich dabei die Ohren zuhalten.

Was bei Lärm ein Vorteil sein kann, kann uns bei der Arbeit ganz schön ablenken. Weil das Gehirn den menschlichen Stimmen Priorität zugesteht, wird unsere Aufmerksamkeit von der aktuellen Aufgabe abgezogen. Deshalb gelten Großraumbüros vielen mittlerweile als Irrweg des Managements. Mitarbeiter mit eigenen Büros sind zum Beispiel deutlich seltener krank als ihre Großraumkollegen, beobachteten Wissenschaftler in Dänemark.[51] Wer in einem Büro mit mehr als sechs Kollegen saß, der fehlte im Schnitt 62 Prozent häufiger.

Gespräche lenken uns ab, und diese Ablenkung macht uns unglücklich. Und weil unsere Gehirne auf Stimmen gepolt sind, entsteht ein konstanter Alarmzustand: Wird da über mich geredet? Ist das, was da gerade passiert, wichtig für mich? Sollte ich mitreden? Ein Teil von uns ist permanent damit beschäftigt, die Gespräche im Hintergrund auf mögliche Relevanz zu analysieren. Das ist anstrengend für uns, selbst wenn der Nachbar nur mit seiner Oma telefoniert und das Wetter in all seinen Graufacetten beschreibt.

Der Trend zum Homeoffice

Mit dem Trend zum Großraumbüro entstand auch ein Trend zum Homeoffice. Die Flucht aus dem Großraum hat viele Vorteile: gute Laune, bessere Gesundheit und eine höhere Produktivität. Studien belegen, dass Arbeitsleistung durch die gefühlte Kontrolle eher sinkt, als dass sie steigt.

Nicht für jeden ist die Heimarbeit eine gute Lösung. Ein guter Arbeitsplatz ist einer, der den individuellen Bedürfnissen entgegenkommt. Nach Ruhe oder einem gewissen Hintergrundrauschen, nach Ordnung oder Chaos, mit Fenster oder im stillen Kämmerlein.

Wie wir einen Schutzraum entwickeln

Stephanie hat einen tollen Job bei einem sehr modernen Medienkonzern, direkt in der Schaltzentrale. Ein Haus mit gutem Namen, ein Job mit Prestige, ein riesiger Raum voller Schreibtische. Sie bleibt trotzdem nicht lange in dieser Firma. Am Geld liegt's nicht, es liegt an der Raumaufteilung: Den ganzen Tag über sitzen ihr andere im Nacken. Sie kann nicht einmal den Kantinenplan öffnen, ohne dass es theoretisch jemand beobachtet oder verurteilt.

Totale Offenheit ist ein Trend in der Bürogestaltung. Sie soll die Kommunikation unter den Mitarbeitern stärken – aber sie soll eben auch für ein bisschen soziale Kontrolle sorgen. Nebenwirkung: Die Offenheit kann uns nervös machen.

Stephanie fühlt sich beobachtet. Zwar arbeiten die Menschen um sie herum auch alle – und die meisten sind ziemlich beschäftigt. Aber schon wer den Raum betritt, der kann auf ihren Bildschirm gucken. Jeder Moment der Unproduktivität wird sofort bemerkt und bringt Folgen mit sich. Jede Ablenkung könnte sie im Ansehen der anderen sinken lassen. Wenn Stephanie eine E-Mail mit dem Betreff »dies und das« schreiben will, dann würde sie eigentlich gern eine kurze Chat-Nachricht schicken, aber sie traut sich gerade nicht. Also schreibt sie eine E-Mail, denn das wirkt professioneller und ist weniger auffällig als ein Facebook-Fenster oder der Griff zum Smartphone.

Ich verurteile das gar nicht. Ich verurteile aber das Problem dahinter. Wieso fühlen wir uns alle ständig überwacht? Eine Bekannte von mir will tagsüber nicht mehr angerufen werden aus Angst, ihr Telefon könnte laut klingeln. Jemand könnte ja reinkommen und denken, dass … ja, was eigentlich? Dass wir nicht in der Lage sind, zweimal vier Stunden durchzuarbeiten? Die meisten Menschen können das nicht. Konzentration hält sich zwischen 60 und 90 Minuten, dann ist sowieso eine Pause angesagt.

Nein, eine Rechtfertigung für permanentes Internetsurfen soll das hier gar nicht sein. Vor allem Schreibtischtäter haben mit dem Internet viel mehr Möglichkeiten zur Ablenkung als alle Generationen vor uns. Wir bestellen einen Wasserkocher, bevor die ersten Anfragen beantwortet sind. Wir schauen, was bei alten Schulkameraden so läuft, weil wir kurz an sie denken mussten. Wir sind rund um die Uhr für unsere Freunde da, weil sie uns rund um die Uhr schreiben können. Das ist also sehr menschlich.

Vertrauen ist gut, Kontrolle ist besser?

Tatsächlich aber dürfen deutsche Chefs ihre Mitarbeiter feuern, wenn die zu viel im Internet surfen, obwohl die Firma es verboten hatte. Gerichte, Gewerkschaften, Datenschützer, Arbeitgeberverbände diskutieren in diesem Punkt hin und her, aber aus dem Jahr 2016 gibt es ein Urteil eines Berliner Landgerichts, das eine solche Kündigung bestätigte. Der Arbeitgeber hatte den Browserverlauf seines Mitarbeiters heimlich durchgeschaut. Er stellte fest:

Der Angestellte hatte an fünf von 30 Arbeitstagen seinen Internetzugang privat genutzt.[52] Die Grundlage dafür ist das ausdrückliche Verbot durch den Arbeitgeber, das schriftlich mitgeteilt werden muss. Wo privates Surfen nicht verboten ist, da kann der Chef nichts machen, solange die Leistung nicht nachweislich leidet. Doch es muss auch nicht gleich die technische Überwachungskeule sein – die ist in Deutschland nämlich tendenziell verboten. Im Jahr 2008 bekam der Discounter Lidl mächtig Ärger, weil die Angestellten mit Kameras überwacht wurden – Statistiken über Klo-Gänge inklusive. Beim Penny-Markt setzte man Privatdetektive ein, die Deutsche Bahn erstellte »Kontaktdiagramme« ihrer Mitarbeiter und besorgte sich auch Informationen über Ehepartner. Wer als Unternehmer so weit geht, der darf dafür auch zahlen. Bei Lidl betrug die Strafe mehr als 1,4 Millionen Euro.

Rechtlich sind wir Deutschen also ziemlich gut vor Überwachung geschützt, insbesondere, wenn es um Aufzeichnungen geht oder Eingriffe ins Private. Doch Unternehmen haben andere Möglichkeiten. Es greift die soziale Konvention. So schwer ist es nämlich nicht, ein Klima der Unsicherheit zu schaffen: »Na, was machen Sie denn da schon wieder?« oder »Oh, gibt es was Wichtiges bei Amazon?«. Zwei Sätze, die jeden Mitarbeiter bloßstellen, während das Opfer am liebsten im Boden versinken würde.

Wer sich beobachtet fühlt, der streift wie ein ruheloser Tiger durch einen Käfig. Das hat viel mit einem Gefühl der Bedrohung zu tun: Ich muss leisten, ich muss beschäftigt wirken, ich werde überprüft. Nicht ich entscheide über meinen Tag, meine Überwacher tun es. Dieses Modell hat noch nie funktioniert.

Einmal sprach ich in einem Laden für Telekommunikationsdienstleistungen mit einem Mitarbeiter. Es war ein Donnerstagvormittag, er war allein in einem Laden und verbrachte sehr viel Zeit damit, ein älteres Ehepaar zu beraten, das gern zuhause Internet haben wollte. Ich wartete mehr oder weniger geduldig. Ein anderer Kunde ging raus, kam wieder rein, ging wieder raus. Endlich war ich an der Reihe. Der Mann hatte ganz gute Laune und verdiente keinen Cent an mir, ich bekam nur eine Kulanzleistung, weil seine Kollegen mir durch einen Fehler das Internet abgedreht hatten. Irgendwann blickte er auffällig hektisch an mir vorbei. Ich sah ihn fragend an. »Hoffentlich geht der Kunde nicht noch öfter rein und raus«, murmelte er. Ich hob die Augenbrauen. »Ihre Kunden werden gezählt?«, fragte ich. »Ja«, verriet er mir, »und es wird auch eine Verkaufsquote gebildet: Wie viele Abschlüsse pro Zahl der Kunden.«

Eine solche Geschäftspraxis macht Mitarbeiter nervös, es stresst sie. Der Konzern verhält sich unfair, und er schadet seinen Angestellten damit.

Beispiele für diese Problematik gibt es zuhauf. Eine Freundin von mir musste sich mal für ihre Anrufliste auf dem Schreibtischtelefon rechtfertigen, ein anderer wurde morgens von seinem Chef angesprochen, weil er abends noch lange online war und der Chef den On-Status auf Facebook sah. Eine Bekannte bemerkte sogar einmal, dass der Rechner ihres Kollegen sich plötzlich hochfuhr. Sie war neugierig geworden – und entdeckte ein Überwachungsprogramm auf allen Computern. Der Chef konnte sich jederzeit einklinken, hatte Zugriff auf Kameras und Mikrofone. Fortan zogen sie und ihre Kollegen den Stecker, wenn sie nicht am Rechner waren. Das schale Gefühl blieb – gleich mehrere Mitarbeiter kündigten schon bald darauf.

Vertrauen und Selbstbestimmung machen produktiv

Organisationsforscher wissen schon seit vielen Jahren, dass Überwachung nicht produktiv macht. Selbstbestimmung macht produktiv. Überwachung kostet Ressourcen und schadet den Mitarbeitern, sowohl ihrer Psyche als auch ihrer Leistung. Überwachung kann sogar zu Unfällen führen, führt der britische Psychologe und Management-Experte Adrian Furnham aus.[53] Denn wer sich beobachtet fühlt, der macht weniger Pausen. Strapazierte Mitarbeiter werden unaufmerksam, und das gefährdet sie nicht nur psychisch, sondern auch körperlich. Ein kleiner Plausch mit den Kollegen bereichert die Arbeit zudem oft, denn gerade in kreativen Berufen dient er dem Ideenaustausch. Das Gefühl, beobachtet zu werden, kann solche nützlichen Gespräche verkürzen oder verhindern. Es lohnt sich also, als Mitarbeiter die Schilde hochzufahren. Und es lohnt sich, als Chef seine Leute in Ruhe arbeiten zu lassen.

Was ein grünes Büro ausmacht

Schwierig zu sagen, was schlimmer ist: Arbeit im Sommer, wenn draußen die Sonne scheint, Baumkronen in einer sanften Brise rauschen, in den Parks gegrillt wird, während man selbst drinnen sitzt, um zu arbeiten. Oder Arbeit im Winter, während der dunkelsten Zeit des Jahres.

Auch wenn Winterdepressionen ihren Namen meist nicht verdient haben – ein bisschen Trübsal macht noch keine schwere Krankheit –, belasten uns die Dunkelheit und die wenige Zeit an der frischen Luft. Ich habe den Psychologen Stephen Colarelli gefragt, wie ich meinen Arbeitsplatz gestalten muss, um damit glücklich zu sein. Er schickte mir daraufhin eine ganze Liste mit Ideen. Sein wichtigster Punkt: Gestalte deinen Arbeitsplatz selbst! Pflanzen und Natur hält er für wichtig, ebenso Fenster und viel Sonnenlicht. Aber Hauptsache, wir haben Gestaltungsfreiheit, sowohl bei der Dekoration als auch bei der Organisation des Tages.

Tatsächlich berichten Arbeitnehmer von mehr Zufriedenheit am Arbeitsplatz und sogar dem Gefühl, gegenüber ihrem Arbeitgeber loyaler zu sein, wenn sie im Büro ein paar Sonnenstrahlen abbekommen, sich den Lebensraum mit Pflanzen teilen und im Laufe eines Arbeitstages auch mal vor die Tür kommen.[54] Auch zeigten sie vor allem bei indirektem Sonnenlicht seltener Symptome einer Depression. Einige Studien deuten auch darauf hin, dass Pflanzen uns kooperativer und netter machen[55], außerdem erholen

wir uns im Grünen schneller vom Stress.[56] Und weil viele
Universitäten nun einmal in Großstädten stehen und Wissenschaftler für ihre Experimente möglichst kontrollierba-
re Bedingungen brauchen, testen sie so was mit Naturvi-
deos. Das klingt ungewöhnlich, trug aber tatsächlich dazu
bei, dass sich die Studienteilnehmer nach einem stressigen
Film etwas entspannten. Und wer Angst hat, mit zu viel
Ordnung seiner Kreativität zu schaden, sollte wissen, dass
die Natur uns kreativ macht. Wie wäre es also mit einem
ordentlichen Arbeitsplatz für mehr Produktivität und im
Kontrast dazu öfter mal einen Ausflug an die frische Luft,
raus ins kreative Chaos der Natur?

6 Aufstehen!

»Mein Tag war so hart«, schreibt Lena, als sie eine Verabredung absagt, schon wieder. »Ich will mich nur noch auf die Couch legen.« Ich schicke ihr eine virtuelle Teetasse und ein Sonnenblumen-Emoji. Nein, ich bin nicht überrascht. Lena hat öfters harte Tage, also eigentlich immer, und deshalb sollte man sich mit ihr lieber am Wochenende verabreden. Schon krass, so ein Nine-to-five-Job in einer Berliner Behörde. Keine Frage, das sind ganz schön harte Arbeitsplätze, vor allem, wenn man im ständigen Kontakt zu Berlinern arbeiten muss.

Ein gesunder Geist lebt in einem gesunden Körper – mens sana in corpore sano, so ähnlich sagte es einmal der römische Dichter Juvenal. Über diese Ideologie sind wir heute zwar hinweg, doch Bewegung hat tatsächlich Auswirkungen auf unser Glück.

Lena ist Ende 20, schlank, aber leicht blass um die Nasenspitze. Sie war früher mal eine Sportskanone und lebt jetzt ein ruhiges Single-Leben in Prenzlauer Berg, weitgehend vegetarisch, in einer kleinen WG mit Leuten, die sie nicht mag. Wie ein Mantra wiederholt sie in unserem Chat den Satz: »Ich muss unbedingt mal wieder Sport machen, nimmst du mich mit?« Ich würde ja, aber ich habe keine Ahnung, wie ich sie von ihrer Couch runterkriegen soll. Wenn Lena nach acht Stunden Arbeit aus ihrem Drehstuhl aufsteht, dann war alles so furchtbar, dass sie nach Hause möchte und unsere Verabredung absagt. Dann folgen ein wahnsinnig gesundes Essen mit viel Gemüse und wenigen Kohlenhydraten, Tee, Apfelchips auf dem Sofa und fünf bis sechs Episoden irgendeiner Serie, bis sie endlich ins Bett fällt. Nun beginnt die aktivste Zeit des Tages: Etwa zwei Stunden lang kann Lena nicht einschlafen, wälzt sich im Bett herum, trinkt Wasser und geht noch dreimal aufs Klo, bevor sie einschläft und irgendwann wieder aufwacht. Morgens nimmt sie ihren Joghurt aus dem Kühlschrank und fährt mit U- und S-Bahn 27 Minuten bis in ihr Büro, bereit für einen neuen Tag, der von der fixen Idee von »Ich will was mit Menschen machen« geleitet wird. Lena ist so faul, dass sie Rückenschmerzen davon bekommt, etwa alle sechs Wochen erkältet ist und eine enorm niedrige Stresstoleranzgrenze hat.

Kennen Sie dieses Muster? Wir sind zu behäbig, und es macht uns krank. Wir müssen raus aus dem Büro, Schluss mit dem täglichen Streiten mit Kunden und Kollegen, dem Kampf ums offene Fenster und den dreckigen Kaffeetassen, die niemand jemals in den Geschirrspüler einräumt. Raus in die Berge. Freies Land, Sonnenschein und Sommerregen, jeden Tag den Körper herausfordern, statt ihn in Bürostühle zu zwängen, die ergonomisch geformt und teuer bezahlt wurden, aber dennoch ihre Natur behalten: Sie sind Stühle, und für Stühle ist der Mensch nun einmal nicht gemacht – auch wenn sie zweifellos besser sind als Sofas.

Sitzen ist das neue Rauchen

Für einen guten Bürostuhl kann man 5000 Euro ausgeben, aber er wäre noch immer nicht mit den Vorzügen eines Stehtisches vergleichbar. Wer ein gänzlich unergonomisches Brett in Ellenbogenhöhe an die Wand nagelt, der tut seiner Gesundheit mehr Gutes als mit dem 5000-Euro-Stuhl. Selbst wenn er sich dabei mit dem Hammer auf die Finger schlägt. Der Finger heilt, aber die Folgen jahrelangen Sitzens sind im Alter nicht mehr wiedergutzumachen. Immerhin wissen wir aus Umfragen, dass Menschen, die auch nur ein wenig regelmäßigen Sport treiben, sich besser fühlen. Regelmäßig heißt in diesem Fall ein bis zwei Mal in der Woche und nicht zu spät aufstehen und dann zur Bahn rennen. Die Amerikaner haben das mal mit einem Datensatz untersucht, der Angaben von mehr als 175 000 Erwachsenen enthielt[57]: »Behavioral Risk Factor Surveillance System« (BRFSS), auf Deutsch: Überwachungssystem für Risiken aus dem Verhalten der Leute. Dabei bekommen mehr als 400 000 Amerikaner in jedem Jahr einen Anruf und werden zu ihrer Gesundheit und zu ihrem Lebensstil befragt.[58] Außerdem fragen die Interviewer nach dem Befinden im vergangenen Monat. Bei der Auswertung ihrer Daten stellten sie fest: Wer sich mehr bewegte, der fühlte sich seltener ängstlich, müde, krank, unglücklich oder litt an Schmerzen. Dafür berichtete fast ein Drittel der gänzlich Untätigen, dass sie mehr als 14 schlechte Tage hatten – allein im vergangenen Monat. Sie schonten sich ins Elend. Wiederum galt das auch für die Leute, die es mit dem Sport übertrieben. Sie litten nicht an Untätigkeit, sondern sie überforderten sich. Bewegung hat also sehr viel mit unserem Wohlbefinden zu tun.

Also wird alles gut, wenn wir uns nur zwingen? Uff, das klingt anstrengend. Wenn man acht Stunden gearbeitet hat, ist man auf dem Heimweg ein käsiges Häufchen Elend, bricht auf der Bettkante zusammen und ruft erschöpft nach Süßigkeiten. Aber Schokolade macht nicht glücklich. Schokolade macht ein schlechtes Gewissen, und ein Abend auf dem Bett macht Rückenschmerzen. Beides zusammen erscheint uns nach einem langen Tag vielleicht kurzfristig angenehmer, lang hält das aber nicht an – von Entspannung ganz zu schweigen. Und wer abschaltet, indem er den Fernseher einschaltet, der nimmt sich selbst die Gelegenheit, das Erlebte zu verarbeiten. Was macht also unser Gehirn? Es beschäftigt sich bei Nacht noch intensiver mit dem Tag, sortiert Ereignisse weg und vermischt sie wild mit dunklen Befürchtungen und Szenen aus einer TV-Serie.

Ein bisschen Faulheit, sich ein bisschen gehen lassen, das macht uns Spaß. Die Engländer sprechen von »guilty pleasures« und meinen unsere Laster, unsere heimlichen Vergnügen, wegen derer wir uns ein wenig schuldig fühlen, aber sie nehmen es mit einem Augenzwinkern, denn irgendwie wissen wir ja auch, dass es alle tun. Und so ein

Abend mit Dschungelcamp, Bier und Erdnussflips gehört zum Leben einfach mal dazu.

Doch der Suchtfaktor und das Gefühl, keine Energie mehr zu haben, befeuern sich gegenseitig. Wir sitzen hilflos in der Bahn und wollen, allen Schuldgefühlen zum Trotz, eigentlich nur noch nach Hause. Das ist schade, denn Bewegung macht etwas mit unserem Gehirn und unserem Körper. Wir werden fitter, und das hilft uns nicht nur, nach der Arbeit noch die letzten Stufen bis ins Schlafzimmer hinaufzusteigen. Wir halten auch die Arbeitstage besser durch. Körperlich, aber auch mental. Darum geht es in diesem Kapitel. Hier wird niemand zum Marathon aufgefordert. Sport braucht Zeit und Gewöhnung. Das Kapitel heißt »Aufstehen«, und genau das sollten wir öfter mal tun.

Sport funktioniert

Wissenschaftler der Universität Freiburg haben herausgefunden, dass der Glaube an den positiven Effekt diesen sogar noch verstärkt. Dafür setzten sie einen Teil der Probanden vor den Fernseher und zeigten einen kurzen Film über die Gesundheitseffekte des Sports. Ein anderer Teil sah diesen Film nicht. Danach mussten alle aufs Ergometer. Vorher und hinterher füllten sie Fragebogen aus. Während sie strampelten, maßen die Wissenschaftler außerdem die Hirnaktivität. Wer vorher den Film gesehen hatte, der hatte mehr Spaß auf dem Fahrrad, hinterher bessere Laune und weniger Sorgen.[59] Alles nur ein Placebo-Effekt? Nein.

Sport wirkt tatsächlich auf unseren Körper. Und wer um den Nutzen der Bewegung weiß, der verstärkt ihn sogar noch.

Ein bisschen durch die Nachbarschaft zu schleichen, reicht aber übrigens nicht aus. Wir müssen uns schon anstrengen, bevor der Körper Endorphine ausschüttet. Ein paar Sprints in der Joggingtour oder schwerere Gewichte befriedigen uns da mehr, als die entspannte Trainingseinheit. Vom »Runner's High« wird dabei auch gesprochen, dem Rausch des Läufers. Vom »Walker's High« ist nichts bekannt.

Warum Sport Opium fürs Volk ist

Manche Leute behaupten ja, wenn sie keinen Sport machen, dann fühlen sie sich gestresst. Das sind die Menschen, die früh am Morgen schon Bilder von Nebelschwaden über Feldern auf Facebook oder Instagram posten mit dem Kommentar: »10,2 Kilometer, jetzt bereit für den Tag.« Wenn sie ein paar Tage lang keine Zeit für Sport hatten, dann sitzen sie grummelig auf ihren Schreibtischstühlen und erzählen jedem, der nicht schnell genug vorbeikommt, dass sie jetzt aber dringend mal wieder einen guten Lauf brauchen. Drohen da Entzugserscheinungen? Nach langen Tagen ziehen die sich noch die Laufschuhe an, und hinterher geht es ihnen angeblich besser. Warum sollte man sich bei allem Stress im Alltag auch noch den Stress mit dem Sport geben?

Ein gewisser körperlicher Stress entsteht beim Laufen tatsächlich: Wenn wir uns anstrengen, steigt der Puls. Unser Gehirn denkt, wir laufen vor jemandem weg, müssen uns vielleicht sogar gleich zum Kampf stellen. Das Gehirn will sich selbst vor den negativen Auswirkungen des Stresses schützen und schüttet »BDNF« aus, den »Brain-derived neurotrophic factor«, einen Stoff, der Nervenzellen stärkt, schützt und wachsen lässt. Das macht uns leistungsfähiger. BDNF ist einer der Gründe, warum Sport so gesund für uns ist und uns dabei auch noch schlau und glücklich macht. Die Verbindungen zwischen den Neuronen werden gestärkt, sie kommunizieren intensiver miteinander. Zu wenig BDNF steht in Verbindung mit Schlafstörungen, Depressionen und Angst. Deshalb lohnt es sich, gerade an den Tagen loszulaufen, an denen uns so gar nicht danach ist. Denn an diesen Tagen haben wir es vielleicht am allernötigsten.

Sport ist ein Teil der Lösung

Wenn wir uns anstrengen, werden in unserem Gehirn Endorphine ausgeschüttet, die so genannten Glückshormone. Diese verbinden sich mit den Opioidrezeptoren, weil auch Opiate an ihnen andocken. Endorphine sind diesen gar nicht so unähnlich. Sie machen glücklich, nur dass sie eben im menschlichen Körper gebildet werden und nicht im Schlafmohn. Der Job der Endorphine ist es nun, uns vor den Schmerzen und den unangenehmen Gefühlen der vermeintlichen Flucht, also unserer kleinen Joggingtour, zu schützen. Wir strengen uns an, aber gleichzeitig werden Glückshormone ausgeschüttet, damit wir uns dabei super finden. Unser Gehirn passt mit seinen Drogen also einfach nur gut auf uns auf. Wenn wir den ganzen Stress schon mitmachen, dann sollen wir uns nicht auch noch schlecht dabei fühlen. Mal ehrlich – sonst bliebe als Motivation für den Sport auch nur noch die soziale Bestätigung auf Instagram übrig.

Das Suchtpotential ist beim Sport übrigens ähnlich hoch wie bei anderen Drogen. Wer ein Trainingsmaß findet, das ihn glücklich macht, der trainiert weiter – und will immer mehr, wie jeder andere Süchtige auch. Wir gewöhnen uns an den Rausch und brauchen einen stärkeren Reiz, um ihn erneut auszulösen. Deshalb sind Ersatzdrogen wie Kartoffelchips und Bier auch so gefährlich: Sie befriedigen uns kurzfristig genauso wie der Sport, doch der Effekt ist schnell verpufft. Dafür setzen wir Fett an, und unser Insulinspiegel spielt verrückt. Wir erleben nach einem Schokoladenriegel ein kurzes Zuckerhoch und stürzen dann in eine Gammelphase ab. Deshalb ist Schokolade Doping, aber kein besonders gutes. Sportlern mit Verletzungen droht als Entzugserscheinung sogar eine depressive Verstimmung, haben Sportmediziner beobachtet.[60]

Was 20 Minuten ausmachen können

Wissenschaftler der Pennsylvania State University haben herausgefunden, dass ein wenig Frühsport den Tag retten kann, bevor er überhaupt richtig angefangen hat, allerdings mit Fokus auf die Wohltaten kürzerer Sporteinheiten. Es muss nämlich gar kein 90-Minuten-Lauf durch drei Stadtteile sein. Die ersten 20 Minuten nach dem Aufwachen sollen besonders großen Einfluss haben, schreibt die Wissenschaftsautorin Gretchen Reynolds. Sie zitiert in ihrem Buch »The First 20 Minutes« übrigens auch eine Studie aus Schottland, nach der schon 20 Minuten Aktivität in der Woche die Schotten glücklicher macht. Und dabei war es vollkommen egal, ob sie sich wirklich auspowerten oder es locker angehen ließen. Einige der Befragten zählten dabei übrigens Garten- und Hausarbeit als Sport, und selbst das funktionierte – wobei wir ja früher in diesem Buch bereits festgestellt hatten, dass das vielleicht auch an der geschaffenen Ordnung liegen könnte.

Statt 20 Minuten in der Woche oder 90 Minuten an jedem Morgen tun wir uns mit dem leichten Mittelweg am ehesten etwas Gutes. 150 Minuten Aktivität in der Woche sind mehr als ausreichend. Also: An fünf Tagen jeweils 30 Minuten schnell spazieren gehen, eine Radtour am Wochenende oder ein Yoga-Kurs, ein bisschen Spinning und ein Abend mit Freunden oder Fremden in der Kletterhalle. Wer diese 20 Minuten am Morgen echt nicht investieren will oder kann, der soll sich aber bitte nicht gezwungen fühlen. 20 Minuten finden wir auch zu anderen Tageszeiten. Vielleicht in der Mittagspause, nach Feierabend, oder wie wäre es mit dem Arbeitsweg?

Warum wir ein stabiles Zentrum brauchen

Bauchmuskeltraining macht keinen Spaß, aber es ist wirkt auf unsere Psyche, und zwar positiv. Indizien dafür hat der Neurobiologe Peter L. Strick mit seinem Forscherteam entdeckt. Er schaute den Menschen nicht nur ins Gehirn, sondern beschäftigte sich mit dem ganzen Körper: Bislang erforschte er, wie sich Bewegungen im Motocortex zeigen, also dem Bewegungszentrum im Gehirn. Wenn Sie eine Seite in diesem Buch umblättern, wird dieser Bereich im Gehirn aktiv und steuert die Bewegung von Arm, Hand und Fingern. Eher durch Zufall entdeckte er, dass auch die Emotionen beeinflusst werden: Eine stabile Körpermitte kann unsere Stressreaktion mildern.[61]

»Das Gehirn hat das komplizierteste Verkabelungsdiagramm, das man sich vorstellen kann«, sagt er über seine Forschung. Strick will wissen, wie diese Datenbahnen im Körper verlaufen. Dafür infizierte er Affen mit Tollwut, um sich anzuschauen, wie sich die Krankheit in deren Körper ausbreitet. Das tut sie über die Nervenbahnen, ohne dass die Versuchstiere leiden.[62] Strick injizierte das Virus in die Nebenniere, jene Drüse, aus der Adrenalin und andere Stoffe kommen, die den Körper informieren, dass möglicherweise Kampf oder Flucht anstehen. Gleichzeitig schaden sie unseren Organen, wenn wir zu oft und zu lange unter Stress und Angstgefühlen leiden müssen. Dabei fand Strick heraus, dass die Nebennierenrinde über viele Bahnen mit dem Motocortex verbunden ist, unserem Bewegungszentrum im Gehirn, das unter anderem unsere Bauchmuskeln kontrolliert. Daraus konnte Strick ableiten, dass Bauchmuskeln, die gut in Form sind, auch unsere Stresssymptome regulieren können.

Bauchmuskeln reduzieren Stress

Tatsächlich liegen unsere Bauchmuskeln so zentral, dass sie für den ganzen Körper wichtig sind. »Selbst wenn wir einfache Bewegungen ausführen, schickt das Zentrale Nervensystem Kommandosignale über die Motoneuronen, die für die Kontraktion der Muskeln zuständig sind. Für Armbewegungen werden zusätzlich Signale an die Muskeln im Rumpf und in den Gliedern geschickt, damit für die Bewegung eine stabile Grundlage entsteht«, erläutert der Neurologe. Das ist ziemlich nützlich, weil uns sonst jede Bewegung aus dem Gleichgewicht bringen könnte.

Ausprobieren lässt sich der Effekt mit einer kleinen Übung auf einem Balance-Board, einer kleinen runden Plattform, die auf einer halben Kugel steht und auf der man das Gleichgewicht halten muss (Level 1) oder Gymnastik machen kann (Level 1000). Wenn wir darauf auch nur unsere Arme bewegen, ändert sich sofort der Schwerpunkt des Körpers. Je instabiler wir also stehen, desto stärker müssen Rumpf, Schultern und Oberschenkel arbeiten, damit wir nicht umfallen. Für jede Bewegung schickt unser Bewegungszentrum im Gehirn also auch Signale in den Rest des Körpers. Gleichzeitig wird das vegetative Nervensystem aktiv, das in der englischen Sprache übrigens als autonomes Nervensystem bezeichnet wird. Es unterstützt die Verteilung des Blutflusses auf aktive Muskeln und passt die Aktivität von Herz und Kreislauf an, um den Sauerstoffgehalt im Blut aufrecht zu erhalten. Und es ist eben auch mit unseren Stressdrüsen in der Nebenniere verbunden.

»All dies ist normal und passiert, wann immer wir uns bewegen«, erklärt Strick. Aber was passiert, wenn die Bauchmuskeln keine stabile Grundlage schaffen? Es ist wahrscheinlich, dass die Signale an das vegetative Nervensystem dann ebenfalls unpassend oder exzessiv sind, so lautet die Theorie, an der Strick nun forscht. Unsere Bauchmuskeln funken in diesem Fall also an das Zentrale Nervensystem: Hier läuft was schief – Motocortex, du musst nachsteuern.

Über Hirnaktivität muss man eine Sache wissen: Keine Zelle funkt für sich allein. Eng verknüpfte Hirnregionen werden miteinander aktiv. Wir riechen Nuss, Zimt und Schokolade und erinnern uns an Weihnachten im Elternhaus. Es wäre gar nicht verwunderlich, wenn andere Körperfunktionen genauso beeinflusst werden. Möglicherweise funkt deshalb die für die Bauchmuskeln zuständige Hirnregion dann nicht nur ebendiese Muskeln an, sich mehr Mühe zu geben, sondern auch die Stressdrüsen, die mit Adrenalin- und Cortisolproduktion reagieren. Strick vermutet, dass die Stärkung der Bauchmuskeln Stress reduzieren kann, weil sich dann die gesamten Signale reduzieren. Und falls das stimmt, macht uns Bauchmuskeltraining tatsächlich glücklicher.

Noch sind die Forschungsergebnisse nicht ausreichend, dass man von wissenschaftlichen Belegen sprechen könnte. Doch Strick selbst hat bereits mit Bauchmuskeltraining begonnen. Ein Weg zu einer kräftigen Körpermitte führt über Pilates. Pilates-Studios finden sich mittlerweile in fast allen Orten, viele deutsche Krankenkassen zahlen einen Zuschuss zu den Kursgebühren oder übernehmen sie sogar ganz.

Ein wenig Achtsamkeit im Alltag verdeutlicht die Bedeutung der Bauchmuskeln noch stärker:
1. Für zuhause: Legen Sie sich aufs Sofa, Füße hoch, alles entspannt. Und dann drehen Sie sich zur Seite. Sobald Sie die Schultern auch nur ein wenig mitdrehen, wird der Bauch aktiv.
2. Für den Job: Wenn Sie am Schreibtisch sitzen, heben Sie einfach mal kurz Ihre Füße vom Boden. Sie dürfen sich dabei gern auf der Tischplatte abstützen. Wer jetzt seinen Rücken merkt: Ab zum Sport! Hier sollten die Bauchmuskeln nämlich eigentlich die Wirbel entlasten.

Auch beim Treppensteigen, Geschirr abspülen und dem Runterbeugen zum Drucker werden die Bauchmuskeln aktiv. Was sie nicht leisten oder leisten können, übernehmen unser Rücken und die Wirbelsäule für sie. Daher ist Bauchmuskeltraining bei Rückenschmerzen so nützlich: Der Rücken bekommt so die Hilfe, die ihm seit Millionen von Jahren zusteht. Deshalb bekommen Menschen in Balance-Sportarten – Klettern, Surfen, Skifahren – manchmal sehr überraschend Bauchmuskelkater. Falls Sie jetzt total übermotiviert sind: Bitte machen Sie keine Crunches, also die klassischen Sit-ups. Crunches sind böse. Vor allem für die Wirbelsäule.

Wie Sport, Glück und mentale Leistung zusammenhängen

Sport macht uns nicht nur fitter, sondern auch schlauer und leistungsfähiger. Und er nimmt uns die Angst vor fordernden Situationen. Sport ist ein Gesamtpaket. Das beobachteten Wissenschaftler um David J. Bucci, Psychologieprofessor am Dartmouth-College im US-amerikanischen Hanover. Sie zwangen 54 gesunde, aber wirklich sehr unsportliche Menschen zum Sport.[63]

Zunächst begann der Versuch ganz harmlos mit einem Gedächtnistest. Die Probanden sollten vorher angeben, wie nervös sie sind. Dann bekamen sie in schneller Reihenfolge Bilder angezeigt und waren aufgerufen, sich zu melden, wenn sie eines wiederholt sahen. Durch die schnelle Geschwindigkeit wollten die Wissenschaftler den Perirhinalen Cortex ansprechen, eine Region im Gehirn, die die Funktion von Objekten speichert. Zum Vergleich: Während der Hippocampus speichert, wo unser Smartphone liegt, weiß der Perirhinale Cortex, wofür es gut ist. Es geht also um tief verankertes, dauerhaft gespeichertes Wissen. Wissen, das wir, ohne zu überlegen, abrufen können.

Nach diesem Experiment gaben die Wissenschaftler ihren Testpersonen sportliche Ziele für die folgenden Wochen. Die eine Hälfte der Teilnehmer sollte keinen Sport machen – für sie keine große Umstellung. Die andere Hälfte sollte viermal in der Woche mindestens 30 Minuten lang joggen oder wenigstens zügig gehen.

Vier Wochen später traten die Teilnehmer wieder zum Gedächtnistest an. Vorher jedoch musste die Hälfte beider Gruppen noch einmal laufen gehen, also jeweils die Hälfte der frisch Trainierten und der völlig Untrainierten. Die restlichen Teilnehmer entspannten sich währenddessen noch ein wenig.

Die Testergebnisse ließen tief blicken: Am besten schnitten jene Teilnehmer ab, die sowohl in den vorangehenden vier Wochen Sport gemacht hatten als auch kurz vor dem Test. Sie waren auch am wenigsten nervös. Wer vier Wochen auf der faulen Haut lag und sich dann vor dem Test auch noch bewegen musste, der war nach dem Lauf im Schnitt noch nervöser als ohnehin schon.

Die faule Haut und das schlechte Gedächtnis

Einmal kurz Sport machen und dann eine super Präsentation vor der Geschäftsleitung hinlegen, ist jedoch offenbar nicht die Lösung. Dennoch lernen wir aus diesem Versuch, wie wir unsere Nervosität vor großen Auftritten bekämpfen können. Nur braucht es halt einige Wochen Vorbereitungszeit.

Übrigens nahmen Bucci und seine Kollegen den Testpersonen auch Blut ab und testeten auf den BDN-Faktor, den Wachstumsfaktor, der unsere Nervenzellen fitter macht. Eine Frage tauchte jedoch auf: Wer genetisch so veranlagt ist, dass beim Sport mehr Neurotrophine gebildet werden, der müsste doch noch besser abschneiden. Dem war nicht so. Allerdings fällt diese Studie auch eher in die Kategorie »Richtungsweisendes Experiment«. 54 Teilnehmer sind eben doch verdammt wenige, nur 27 sollten überhaupt Sport machen und nur sechs trugen das beschriebene Genmerkmal. Und »Uni-Campus und umliegende Wohngebiete« in einer Kleinstadt im Norden Nordamerikas bilden keinen repräsentativen Querschnitt der Weltbevölkerung. Die Forschung muss da also noch etwas nachlegen. Jedoch deutet viel darauf hin, dass Sport uns tatsächlich nicht nur fitter, sondern höchstwahrscheinlich auch glücklicher und schlauer macht. Und der Versuch kostet nichts als ein bisschen Schweiß, möglicherweise Tränen, aber hoffentlich kein Blut.

7 Kollegen sind käuflich, aber nicht sehr teuer

Einsam unter zu vielen Menschen. So fühlt sich der Arbeitstag manchmal an. Mit unseren Kollegen verbringen wir in der Regel acht bis neun Stunden am Tag, an schlechten Tagen noch etwas mehr. Rund 1700 Stunden macht das im Jahr. Unter der Woche sind die meisten von uns länger im Büro als im Bett. Mit Kollegen verbringen wir zusammengerechnet die besten Jahre unseres Lebens, die mit dem Geld und der Fitness. Wir sitzen mit unseren gesunden Körpern an Schreibtischen, und um uns herum sind Menschen, die nicht wir ausgesucht haben, sondern der Chef. Und ganz sicher verbringen wir mehr Zeit mit den Kollegen als mit den Menschen, die wir lieben.

Wenn Sie jetzt denken, Ihre Kollegen inklusive Chefetage seien doch ausnahmslos und zu jeder Zeit lieb, professionell, kompetent, motiviert, teamfähig und kreativ, dann hören Sie bitte sofort auf zu lesen. Ein Kapitel weiter geht's um den perfekten Arbeitstag, da sind Sie mit dieser Einstellung viel besser aufgehoben. Wer jetzt noch liest, der gehört zu den ganzen normalen Menschen, die von Verrückten umgeben sind.

Dabei sind jene Mitarbeiter am schlimmsten, die einen Arbeitstag nicht durchstehen, ohne sich über Job, Chef,

Kollegen und die Gesamtsituation zu beklagen. Noch dazu ist die schlechte Laune geradezu infektiös: Einer fängt an, der nächste wird irgendwann auch nölig – sei es aus Mitgefühl für den ersten oder weil der ihn einfach nervt – und ganz schnell greift die Jammerepidemie um sich. Aber wenn wir dann nach Hause gehen und selbst nörgeln, wird nichts besser. Im Gegenteil, wir sind genauso ansteckend wie alle anderen. Wer den Ärger mit den Kollegen nach Hause nimmt und sich erst mal so richtig beim verständnisvollen Partner, Bruder, Kumpel oder Mitbewohner auskotzt, der zieht ihn nur mit runter, und irgendwann ist der Tag zu Ende und nach dem Schlafen kommt dann nur wieder Arbeit. Und zwar mit den Kollegen. Ein Teufelskreis.

Ein früherer Kollege von mir sagte gern: »Wer bei der Arbeit Spaß hat, arbeitet nicht hart genug.« Richtig? – Quatsch. Dieser Arbeitsethos ist einer, der ungeprüft weiterkommuniziert wurde. Aus der Arbeitsforschung hingegen wissen wir: Das Gegenteil ist korrekt. Glückliche Arbeitnehmer sind 12 Prozent produktiver, das schätzt der Ökonom Andrew Oswald von der Universität Warwick.[64] Und unglückliche Arbeiter sollen 10 Prozent unproduktiver sein als der Durchschnitt. Dem britischen Guardian hat Oswald gesagt: »Positive Emotionen beleben Menschen, während negative den gegenteiligen Effekt haben.«[65] Das klingt jetzt nicht überraschend, dennoch haben wir hier eine Botschaft, die wir definitiv noch nicht oft genug gehört haben.

Über das Zusammenspiel von Psyche und Produktivität war lange wenig bekannt. Nun hat die Forschung aufgeholt und sogar die staubigen Wirtschaftswissenschaften erreicht. Eine wichtige Erkenntnis über positive Energie am Arbeitsplatz ist, dass Neid uns dabei oft im Weg steht: *Die Kollegen lachen, ich arbeite. Ich gehöre nicht dazu. Ich muss mehr schaffen, weil sie sich ablenken lassen.* Hier schützt sich unser Gehirn selbst, es schützt unsere Psyche davor, sich einsam zu fühlen. Es entsteht der Gedanke: *Die sollten weniger lachen und mehr arbeiten. Ich mache es richtig, die machen es falsch.* Toxische Gedanken. Dabei wäre es umgekehrt für alle – und für die Produktivität – doch viel besser: Ich lache mit, und alle arbeiten produktiver und zufriedener.

What's love got to do with it?

In den USA haben Management- und Arbeitsforscher Heime für Langzeitpflege beobachtet.[66] Die Mitarbeiter, die Patienten, die Angehörigen. Es war ein gigantisches Labor, doch die Mäuse waren Menschen und die Labyrinthe waren Pflegeeinrichtungen. Am Ende schrieben sie einen Forschungsaufsatz darüber mit dem Titel: »What's love got to do with it?«: Was hat Liebe eigentlich mit Arbeit zu tun?

Auch wenn die Emotionen weniger intensiv sind als bei der romantischen Liebe, entstehen definitiv persönliche Beziehungen zwischen Kollegen, die zum Teil ähnliche Emotionen wie Liebesbeziehungen auslösen – im Guten wie im Schlechten. Da man jeden Tag miteinander arbeitet, muss man sich auf die anderen einstellen. Man achtet auf Verhalten und Bedürfnisse der anderen, entwickelt Mitgefühl, wenn etwas schiefläuft. Oft wird das Privatleben zum Thema. Um diese Nähe geht es den oben genannten Wissenschaftlern, wenn sie von Liebe sprechen. Sie beobachteten, dass Kollegen weniger krank wurden, wo die Beziehungen unter den Mitarbeitern enger waren. Auch das Burnout-Phänomen trat seltener auf, und die Kollegen arbeiteten kooperativer zusammen. Im Schnitt waren sie zufriedener mit ihren Jobs und besser gelaunt. Patienten waren glücklicher mit dem Service und berichteten von einer höheren Lebensqualität. Wie nahe sich die Mitarbeiter stehen, hängt also positiv mit der Leistung des Teams zusammen. Allerdings schlägt das Pendel bei sehr großer Nähe unter Kollegen irgendwann in die andere Richtung aus: Stehen sich die Mitglieder eines Teams sehr nahe, drücken sie auch bei unethischem Verhalten eher mal ein Auge zu. Man hält eben zusammen. Das kann böse Folgen haben, wenn es um Patienten geht oder Geschäfte zu Lasten anderer gemacht werden. Aus Nähe wird dann eine auf Abhängigkeiten bestehende Partnerschaft, die große Kompromisse mit sich bringen kann.

Wer im Netz gefangen ist, der sollte eine Spinne sein

Wir sind soziale Wesen. Deshalb funktionieren Plattformen wie Facebook so gut, und deshalb helfen uns einsame Selbstfindungstrips, empirisch betrachtet, eher nicht. Ein

Freund von mir fuhr mit seinem Auto zwei Wochen lang durch den Norden. Was er mitnahm, war ein Zelt, was er lernte, waren Lagerfeuer, und was er machte, waren jede Menge Selfies. Er suchte Abstand zu seinem Job, seinen Kollegen, seinem Leben daheim. Einfach mal raus und den Kopf freikriegen. So einfach war es für ihn allerdings doch nicht, die Ruhe in der Distanz zu finden. Stattdessen beschlichen ihn neue Grübelthemen, alte und neue Sorgen, weil es das ist, was unser gefahrensuchendes Gehirn sich schafft, wenn es nicht ausgelastet ist. Er entspannte sich erst, als er auf der Rückfahrt in einer Jugendherberge in Göteborg ankam und dort wilde Nächte mit merkwürdigen Menschen verbrachte.

Unsere Gehirne sind für die dauerhafte Einsamkeit nicht gemacht. Und deshalb kann die Einstellung »Ist ja nur mein Job« nicht zum Glück führen. Es ist nie »nur mein Job«. Es ist Zeit, die wir mit Menschen verbringen. »L'Enfer c'est les autres« – Die Hölle, das sind die anderen, schreibt Jean-Paul Sartre in seiner »Geschlossenen Gesellschaft«. In Stellenanzeigen liest man immer wieder von diesen tollen, glücklichen Teams. Wer Mitarbeiter anlocken will, der erzählt heute erst einmal, wie gern sich alle haben, und wie toll die gemeinsamen Aktivitäten sind. Vielleicht liegt das daran, dass es eben die Menschen sind, die uns am meisten zusetzen, die uns aus schlechten Firmen heraustreiben oder die Flucht ergreifen lassen. Der Psychologe Volker Kitz schreibt: »Die Menschen um uns herum können unser Leben bereichern oder zerstören,

uns fordern oder langweilen, amüsieren oder betrüben.«[67]
Er fordert mehr Motivation durch Ehrlichkeit im Umgang
miteinander. Gegenvorschlag: Gehen wir doch einfach
mal pfleglich miteinander um. Denn jeder von uns hat
genauso viel Einfluss auf sein eigenes Tagesglück wie auf
das Seelenleben der anderen.

Kein Mensch ist eine Insel

Viele möchten es täglich abstreiten, aber wir brauchen die
Leute um uns herum, und wir brauchen das Gefühl, dass
wir sicher sind, dass wir verstanden und akzeptiert, am
liebsten gemocht werden. Wir wollen Teil von etwas sein.
Mit anderen Worten: Wir brauchen ein Netz. Ein Sozialgefüge wie eine Familie oder eine Abteilung.

Ich habe in Büros unterschiedlicher Größe gearbeitet:
allein (*Erstmal ein Sandwich!*), zu zweit (*Jetzt bloß nicht schon
wieder husten.*), zu dritt (*Tauschen die Blicke? Mögen die mich
nicht?*), mit einer Handvoll Menschen (*Wehe, einer von denen guckt auf meinen Bildschirm!*) und im riesigen Newsroom (*Was zieh ich heute bloß an?*). Die Stimmung in so
einem Raum hängt entscheidend von den Menschen ab,
die am lautesten sind. Das sind oft die Nörgler, von denen
auch jeder weiß, dass sie Nörgler sind. Das Problem: Wenn
sie uns lange genug mit ihren Klagen beschallen, dann
bleibt irgendwann etwas hängen. Ich sehe das am Beispiel
meiner Freundin Janine. Die ist knapp unter 30, hochmotiviert, hat einen echt guten, sehr aufregenden Job und
darf sogar jeden Tag ihre Lederjacke anziehen. Eigentlich

habe ich noch nie einen Menschen getroffen, der so jung
so viel Geld verdient – und dann macht die Arbeit auch
noch Spaß.

Aber selbst sie hat was zu meckern gefunden. Genauer
gesagt: Man hat ihr gesagt, worüber man in dieser Firma
meckern *könnte*. Ich finde, dass niemand für irgendeinen
Job dankbar sein sollte. In der besten Firma, in der ich je
gearbeitet habe, bedankten sich die Chefs bei den Angestellten, wenn ein Mitarbeiter am Abend seinen letzten
Text abgab und den Newsroom verließ. Gemeckert wurde
da natürlich auch, aber die Kollegen hatten stärkere Abwehrkräfte gegen diesen Virus der schlechten Stimmung.

Doch zwischen Dankbarkeit und Resignation ist noch
ziemlich viel Luft. Die Kunst ist, in keines der Extreme
abzugleiten. Weder in die selbstausbeuterische Dankbarkeit noch in die destruktive Kritik.

Schlechte Stimmung ist krankhaft

Schlechte Stimmung habe ich gerade als Virus bezeichnet,
und die Mechanismen sind durchaus vergleichbar. Wir
fühlen mit den Menschen, die uns nahe stehen, mit denen
wir viel Zeit verbringen, das ist die Crux am Jammern.
Die legendäre Sozialpsychologin Elaine Hatfield und der
Sozial-Neurowissenschaftler John T. Cacioppo nennen das
Phänomen »Emotionale Ansteckung«.[68] Hatfield war eine
der Ersten, die die Liebe wissenschaftlich erforschten. Und
Cacioppo hat das Feld der »social neuroscience« erfunden.
Die beiden sprechen von einer leidenschaftlichen Verbun-

denheit, die wir für geliebte Menschen empfinden und die uns so empfänglich für ihre Stimmungen macht. Deshalb ist schlechte Laune so ansteckend und manche Freundschaften und Beziehungen toxisch: Gegen die schlechte Stimmung unserer Mitmenschen haben wir keine Abwehrkräfte. Wie wir ein Lächeln intuitiv erwidern oder dem anderen mit ernstem Gesicht unsere Unterstützung signalisieren, fühlen wir auch dessen Emotionen. Umgekehrt wird uns selbst der verständnisvollste Kollege langfristig nicht aufbauen – wir ziehen ihn mit runter. Freunde nennt man auch gern das »soziale Netz«. Sie sollen uns Sicherheit geben und uns auffangen, wenn wir fallen. Doch auch mit unseren Kollegen sind wir vernetzt. Wir messen ihnen unterschiedliche Bedeutungen bei. Und an diesen total harten Tagen, an denen alles Mist ist, wissen wir, wer uns versteht: der Nörgler. Und plötzlich haben wir uns mit ihm verbündet, und dann geht alles abwärts, weil wir uns sein Genörgel jetzt ja auch anhören müssen, und irgendwie hat er ja recht.

Wer im Netz sitzt, der sollte lieber Spinne sein, so heißt dieses Kapitel. Denn warum sollte man sich die Launen der anderen zu eigen machen? Die Stimmung in jedem Sozialgefüge ist manipulierbar – auch zum Positiven. Alles eine Frage der Strategie.

Wie wir Glückskekse für den Schreibtisch nebenan finden

Seit meiner Kindheit bin ich ein großer Fan von Tick, Trick und Track, Donald Ducks kleinen Neffen aus Entenhausen. Die Entchen sind Pfadfinder und haben in ihrer Gruppe natürlich gelernt, jeden Tag eine gute Tat zu vollbringen. Das macht nicht nur die Welt ein bisschen besser, sondern der *Täter* wird auch selbst glücklicher. Dazu gab es zahlreiche Experimente. Bei einem gaben Wissenschaftler Kleinkindern Kekse und haben ihnen im Anschluss einen angeblich hungrigen kleinen Plüschaffen vorgestellt.[69] Die Kinder konnten dem Affen entweder freiwillig einen Keks geben (oder es bleiben lassen), oder es wurde ihnen auferlegt. Erwachsene versuchten in den Gesichtern der Kleinen zu lesen, was sie glücklicher machte. Es war, na klar, der freiwillige Akt. Deshalb gehen Verhaltenswissenschaftler heute davon aus, dass uns der Drang, zu teilen oder anderen etwas Gutes zu tun, tatsächlich von der Natur gegeben ist.

Dieses Gefühl lässt sich ganz leicht überprüfen: Ich bringe Kollegen gern einen Kaffee mit, wenn ich mir selbst einen Tee kochen gehe. Sie freuen sich, ich freue mich, und mit einer kleinen Tat sind alle ein bisschen besser drauf. Würde ich aber offiziell zur Kaffeebotin abgestellt, würde ich vermutlich unglücklich werden.

Und dann gibt es Mischformen. Ich habe mal in einem Team gearbeitet, wo jeder, der Kaffee holen ging, dem ganzen Rest der Mannschaft – immerhin fünf Leute –

ebenfalls Tee, Kaffee, Kakao oder was auch immer mit-
brachte. Das ging den ganzen Tag so. Dafür balancierten
wir Tabletts über gut 150 Meter Wegstrecke. Wenn der
Milchschaum stehen bleiben soll, ist das ein ganz schöner
Akt. Doch rückblickend war das eine wertvolle Teamges-
te, die alle miteinander verband.

Eine freundliche Teamkultur lohnt sich

Dennoch fühlen sich Rituale schnell wie ein Zwang an, und
dann werden sie anstrengend. Für einige passt das wöchent-
liche Afterwork-Bier nicht, weil sie das ihrem Partner nur
schwer erklären können, warum sie schon wieder so spät
nach Hause kommen. Wir wissen aus der Forschung, dass
gemeinsame Mittagessen die Zusammenarbeit fördern[70],
Wissenschaftler haben dafür Feuerwehrleute und Kooperationsverhalten beobachtet. Doch für einige ist es eine nie enden wollende Qual, jeden Tag mit der ganzen Mannschaft
essen zu gehen. Einige machen gern Überstunden, wenn sie
dafür tagsüber an den Kickertisch dürfen, andere wollen einfach nur durcharbeiten und dann in die Kletterhalle, zu ihren Kindern oder vernachlässigten Freunden.

Große Gruppenaktivitäten befriedigen unser Bedürfnis
nach sozialer Eingebundenheit. Die Gefahr ist aber, dass
einige dabei auf der Strecke bleiben. Denn Rituale machen selten das ganze Team glücklich. Und falls doch,
dann ist das Team vielleicht zu homogen – auch nicht optimal. Es lohnt sich, in Gruppen mal auf seinen Nachbarn
zu schauen: Fühlt er sich wohl? Hat sie Spaß?

Außerdem freuen wir uns weniger über Gesten, wenn wir sie erwarten. »Hedonic Adaptation« nennt sich dieser Vorgang in der Fachsprache, in Kapitel 3 war bereits davon die Rede. Deshalb werten wir einen unerwarteten Bonus oder einen überraschenden Milchkaffee viel höher, wenn wir nicht darauf gewartet hatten. Was wir erwarten, fühlt sich oft an wie etwas, das wir schon haben, als hätten wir ein Recht darauf. Bekommen wir es, ist das eine Selbstverständlichkeit. Bekommen wir es hingegen nicht, sind wir enttäuscht, als hätte man uns etwas weggenommen. Deshalb sind Gehaltserhöhungen so schlechte Motivatoren: Wir haben das Gefühl, dass sie sowieso kommen müssen. Überrascht uns der Chef damit, funktioniert sie besser, als wenn wir sie zu fest vereinbarten Zeiten bekommen, vielleicht sogar nach Betriebszugehörigkeit. Echte Motivation geht anders. Sie funktioniert über andere Formen der Anerkennung – solche, die wir eben nicht erwarten.

Glückskekse

Eine Bekannte von mir ist Unternehmensberaterin und bekam in einem Jahr sieben Prozent mehr Gehalt. Sie kündigte. Üblich in der Branche sind zehn bis 15 Prozent. Ein irrer Wert? Vielleicht, aber sie hatte das Gefühl, weniger geschätzt zu werden als ihre Kollegen. Und verließ das Unternehmen. Deshalb geht es in diesem Abschnitt um Glückskekse für den Schreibtisch nebenan. Kleine Überraschungen, ganz unerwartet, bleiben den Menschen im Kopf. Negative aber auch.

Anerkennung und Dankbarkeit kosten uns nichts außer ein bisschen Zeit und Aufmerksamkeit. Anerkennung bei Präsentationen stärkt das Selbstbewusstsein des anderen, stärkt meine Verbindung zu ihm und lässt mich kompetenter wirken. Die ersten zwei Punkte sind ziemlich eingängig, aber beim dritten sollten wir genauer hinschauen. Wir wirken kompetenter, wenn wir jemanden loben? Ja, tatsächlich. Das ist ein Selbstschutzmechanismus unseres Gehirns. Es stuft jene Individuen als klug und fähig ein, die uns Bestätigung geben. Deshalb halten wir jene Zeitung für die beste, die unsere eigenen Ansichten bestätigt – wir würden schließlich nicht so denken, wenn wir es nicht für klug und richtig hielten. Bei der Interaktion mit anderen geht es uns genauso. Deshalb gilt uns der Kollege, der bei unseren Ideen ständig querschießt, schnell als Idiot. Er ist einfach nicht weitsichtig genug, um das Potential unserer Vorschläge zu erkennen. Die Folge: Wir halten nichts mehr von ihm und erwarten auch nichts Nützliches von seinen Beiträgen. Zusammenarbeit? Dürfte schwierig werden. Umgekehrt gilt: Wer Anerkennung will, der sollte erst einmal welche verteilen. Macht das glücklich? Ja! Ein Lob oder ein Kompliment ist wie ein Stück Schokolade, das mit dem anderen geteilt wird. Nur leider ist es manchmal auch ganz schön schwer anzunehmen.

»Ich hatte wohl Glück!«

Lob ist vielen Menschen eher unangenehm. Es gleitet von uns ab, wir suchen eine Rechtfertigung für den Erfolg.

Obwohl wir nach Erfolg lechzen, wollen wir ihn dann am liebsten teilen. Und Kritik? Die schmettern wir entweder ab und fühlen uns ungerecht behandelt, missverstanden und angegriffen. Oder sie trifft uns tief und schneidend wie ein Messer ins Innerste. Selbst gut verpackt mit viel Lob und als konstruktiver Ratschlag gemeint, laborieren manche Menschen tagelang an Kritik. Wird sie schlecht verpackt, dann geht der Effekt vielleicht nie mehr weg.

Wer in der Schulzeit gelernt hat, dass er bei Referaten von anderen Kindern ausgelacht wird, der hat es möglicherweise als Erwachsener schwer: Die Erinnerung sitzt so tief, dass im Gehirn die Bereiche »Vortragen« und »Ausgelacht werden« ziemlich gut verknüpft sind. Zurück bleibt ein Gefühl der Hilflosigkeit und Unfähigkeit. Gewisse Teile unserer Amygdala sind dazu da, dass wir dieses Gefühl auch ja nicht vergessen.[71] Wir müssen diese Verknüpfung mühsam überschreiben, und dafür brauchen wir positive Erlebnisse. Darum funktioniert ein Sport wie Klettern so gut, wenn Menschen Selbstbewusstsein aufbauen wollen. Und deshalb ist positives, konstruktives Feedback ein Geschenk an einen Kollegen, von dem er noch lange zehren wird.

Die Soziologin Christine Carter beschreibt in ihrem Buch »The Sweet Spot« verschiedene Wege, von der Geberlaune zu profitieren. Der erste Schritt: es sich einfach mal vorstellen. Sie argumentiert, dass ältere Menschen, die für andere beten, weniger an den gesundheitlichen Symptomen des Alters leiden. So zeigten Studenten, die einen Film über Mutter Teresa sahen, kurze Zeit später eine stärkere Immunabwehr. Dieser Effekt verstärkte sich noch, wenn sie danach an einen Moment dachten, in dem sie selbst etwas an andere gaben oder ihnen etwas gegeben wurde. Christine Carters Stressmedikament: »Ich denke daran, wie ich jemand anderem geholfen habe. Ich widme jemand anderem ein paar liebevolle Gedanken.«

Anderen für ihre Hilfe zu danken, dient ebenfalls dem eigenen Wohlbefinden – und dem des Helfers. Ein »Danke« ist ein Akt der Wahrnehmung, der Anerkennung der Leistung des anderen. Psychologen haben auch getestet, wie sich »Gratitude Journals« auswirken, Tagebücher über Dankbarkeit.[72] Sie fanden heraus: Wer einmal in der Woche notiert, wofür er dankbar ist, der fühlt sich glücklicher. Das funktioniert so gut, weil uns die Dankbarkeit daran erinnert, wie gut wir es im Leben haben – und welchen Anteil andere Menschen an unserem Glück haben.

Carter vermerkt übrigens auch, dass wir unsere sozialen Bindungen stärken, wenn wir um einen Gefallen bitten.[73] Das nennt sich auch »Franklin-Effekt«: Der Schriftsteller und Erfinder Benjamin Franklin sagte einmal: Wer dir einmal einen Gefallen tat, der wird dir auch wieder einen tun. Und zwar viel lieber als einer, dem du selbst geholfen hast, um ihn dir so zu verpflichten. Das klingt widersinnig? Der Grund liegt in unseren Intentionen: Helfen wir aus einer moralischen Verpflichtung heraus, weil da das Gefühl der Schuldigkeit im Hintergrund steht? Dann wird die Hilfe zum Zwang. Wer hingegen freiwillig hilft, der freut sich auch selbst über seine Tat. Das nennen Psychologen auch das »Helper's High«, das Hochgefühl des Helfenden.

Wie man sich bei Säbelzahntigern bedankt

Es gibt Menschen, die behaupten, sie könnten andere Menschen innerhalb von Sekunden einschätzen. Und natürlich wird ihre erste Einschätzung auch nur in den allerseltensten Fällen widerlegt. Das nennen sie dann »Menschenkenntnis«. Diese Fähigkeit sollten wir mal genauer unter die Lupe nehmen.

In unseren Gehirnen sortieren wir unsere Kollegen in Schubladen ein. Neurowissenschaftlich gesehen verknüpft sich unsere Wahrnehmung der Person mit bestimmten Eigenschaften: Abrissbirne, Abteilungsleiter der Herzen, Aktenfräse, Allesgeber. Der Journalist Jochen Leffers hat ein ganzes Lästerlexikon von A bis Z über sie geschrieben: »Kollegen sind die Pest«[74]. Das Problem an den Schubladen ist Folgendes: Die Verknüpfung zwischen »Jonas aus der Buchhaltung« und »faul und renitent« wird immer stärker, je länger wir ihn kennen, und er hat kaum eine Chance, im Ansehen zu steigen und die Schublade zu verlassen. Intuitiv suchen wir nach Bestätigung für unseren Eindruck. *Hat der gerade seine Kaffeetasse in die Spüle gestellt? Wäre er nicht mal dran, das Protokoll des Meetings zu schreiben? Ach, schon wieder überpünktlichst Feierabend?* So stärkt sich die neuronale Verbindung. Was nicht ins Bild passt, das nehmen wir weniger stark wahr. Schlimmer noch: Verhalten, das nicht unter »faul und renitent« fällt, registrieren wir vielleicht positiv als Abweichung von der Norm – doch die neue Feststellung ist weit weniger stabil als das Gewohnte. Wir haben sie schnell vergessen. Deshalb ist der erste Eindruck so wichtig: Wo keine neuronalen Verbindungen sind, da ist die erste erst einmal die stärkste.

Für den ersten Eindruck gibt es keine zweite Chance

Wer seine Kollegen hasst, dem wird das Umdenken deshalb erst einmal schwerfallen. So viel also zum Thema Menschenkenntnis: Wer sich vertut, der gibt dem anderen möglicherweise gar keine Chance mehr. Die Assoziation »Jonas = faul + renitent« lässt sich nicht einfach überschreiben. Im Gehirn müssen sich neue Verbindungen bilden, so etwas wie »Jonas = gut organisiert + klug«.

Der Psychologe John Gottman erforscht Beziehungen und sagt, dass es fünf positive Erlebnisse mit einer Person braucht, um ein negatives wieder auszugleichen. Deshalb sagt man ja so platt, man muss den Menschen eine Chance geben. Nicht, damit es Jonas besser geht, denn wenn wir Jonas für faul und renitent halten, dann ist uns sein Seelenleben ziemlich egal. Unsere eigene negative Bewertung löst Stress in uns aus, wann immer wir mit Jonas reden und mit vielen Kollegen reden wir ja nun mal ziemlich oft. Das ist genau der »Kampf oder Flucht«-Mechanismus, der vor Urzeiten von der Erkenntnis »Säbelzahntiger = Problem« aktiviert wurde. Wir empfinden Tiger Jonas als Bedrohung. Vielleicht bedroht er mein Arbeitspensum, mein Lebensmodell, meinen Arbeitsethos oder mein Gefühl für Gerechtigkeit in der Firma. Das eigene Leben ist nicht bedroht, auch wenn so mancher Arbeitnehmer im Geiste gern seinen Kollegen die Hälse umdreht. Doch der Stress, der entsteht, der ist der gleiche wie vor 500 000 Jahren, als Säbelzahnkatzen und Menschen noch um die Jagdgründe Europas konkurrierten.

Aber kämpfen oder flüchten ist im Umgang mit Kollegen nicht möglich, zumindest nicht, wenn jemand zuschaut. Und unter diesem Stress leidet nicht der Kollege. Unter Stress leidet immer nur die Person, die ihn erleidet, nicht die Person, die ihn verursacht, ob willentlich oder ganz unbewusst. Das schadet, ganz nebenbei bemerkt, übrigens auch der Produktivität. Denn lassen sich Konflikte nicht beheben, so leidet das Engagement der Mitarbeiter.[75]

Was also tun? Manche Kollegen nerven nicht nur, manche haben ihren Schreibtischnachbarn vielleicht wirklich etwas getan. Egoistisches Verhalten ist gar nicht so selten – und wird in manchen Firmen auch durchaus mit Privilegien und Beförderungen belohnt. »Ihr solltet einfach mal zusammen einen trinken gehen«, heißt der wohl am häufigsten genannte Ratschlag. Eine neuere wissenschaftliche Studie präsentiert eine Lösung, wie ich sie erst einmal nicht erwartet hätte: Wir sollen verzeihen.[76] Das mag irritierend esoterisch klingen, aber Vergebung hat sich indessen als ziemlich nützlich erwiesen.

Zwei Fragebögen sollten 200 Büro- und Fabrikarbeiter einer Studie beantworten. Der erste fragte nach einer emotionalen Verletzung, vielleicht einer Beleidigung oder einem Angriff durch einen Kollegen. Die Wissenschaftler wollten wissen, wie es ihren Testpersonen damit erging. Der zweite Bogen fragte etwas genauer ab, ob sich die Teilnehmer eher für Menschen halten, die anderen vergeben, wie es im vergangenen Monat um ihre Fehlzeiten im Büro steht sowie ihre Produktivität und ihr Wohlbefinden ganz allgemein. Das Ergebnis: Wer eher vergab, der fehlte seltener im Büro, arbeitete effektiver und fühlte sich besser dabei, weil er weniger unter Stress litt. Die Leute hatten sogar seltener Kopfschmerzen, wenn ihnen Vergebung leichter fiel.

Warum Selbstaufgabe zu viel des Guten ist

Es gibt Menschen, die es immer allen recht machen wollen. Julia, eine frühere Kollegin, fällt darunter: lieb, fürsorglich, aufmerksam und … total nervig. Jeder Hauch eines Stirnrunzelns lässt sie in ihrer Argumentation zurückrudern, und wenn irgendetwas gemacht werden muss, das kein vernünftiger Menschen tun würde – Spülmaschine, Protokoll, Fließbandaufgaben –, meldet sie sich freiwillig, wenn's kein anderer von sich aus anbietet, und natürlich ist das nie der Fall. Am Ende des Tages ist sie …
1. ganz schön erledigt,
2. wütend, weil ihr so viel aufgebürdet wird, und
3. unsicher, ob sie alles gut genug gemacht hat.

Telefonieren mit Julia heißt: erst einmal 25 Minuten zuhören, wie furchtbar ihr Tag war und wie arbeitsscheu ihre Kollegen. Aber heute war es das letzte Mal, und dann werden die schon sehen und ohne sie bräche ja sowieso alles zusammen.

Als wäre das so schlimm.

»People-pleaser« nennt die Soziologin Christine Carter diese Leute, die es immer allen recht machen wollen. Carter darf das so ausdrücken, sie war lange Zeit keinen Deut besser. »Das hast du doch gar nicht nötig«, hatte ihr mal ein wohlmeinender Freund gesagt. Aber darum geht es auch nicht, darum ging es eigentlich nie. »Ich bin einfach sehr gut darin, es allen recht zu machen«, sagt sie heute. Sie hat es lange geübt. Und die Menschen um sie herum gewöhnten sich daran. Und das ist die wohl größte Angst des People-pleasers: negativ aufzufallen, wenn er sich nicht mehr zum Erfüller aller Wünsche macht, zum Diener aller Gleichrangigen. »Everybody's Darling, Everybody's Depp« heißt ein Buch, das die Autorin Irene Becker dazu geschrieben hat. People-pleaser sind ein ziemlich großer Markt, weil es viele von ihnen gibt. Und keineswegs sind alle Darlings Deppen – sie machen sich nur dazu, und selbst wenn sie der Sache müde werden: Sie machen immer weiter.

Dankbarkeit versus Egoismus

Christine Carter lehrt an der Universität Berkeley, reist mit ihren Vorträgen um die Welt und war lange Zeit alleinerziehend. Sie erforscht das Glück, deshalb wird sie oft danach gefragt, was glücklich macht. Dankbarkeit war früher ihre Antwort. Sie meinte das Gefühl, das sie anderen entgegenbringt. Heute denkt sie eher an sich selbst. Und das ist auch gar keine so schlechte Idee: »Wenn wir nur die anderen glücklich machen wollen, dann sind wir nicht mehr im Einklang mit unseren eigenen Bedürfnissen«, erläutert die Soziologin. »Heute würde man sagen, ich war ein hochsensibles Kind. Ich habe oft geweint. Weil ich im Unrecht war oder mich ungerecht behandelt fühlte, abgelehnt, aus allen möglichen Gründen. Meine Eltern machten sich große Sorgen – und brachten mich zum Psychiater. Der ließ mich einen Intelligenztest machen. Heute wissen wir: Das ergibt überhaupt keinen Sinn. Sensibel zu sein, hat absolut nichts mit größerer oder geringerer Intelligenz zu tun.«

Der Arzt wollte die noch sehr kleine Christine beruhigen: »Du bist klug«, sagte er zu ihr, »mit dir ist alles in Ordnung. Du hast keinen Grund, zu weinen. Sei glücklich!« Und die Fünfjährige machte daraus: »Alles, was ich tun muss, ist gut in Tests sein und ihnen zeigen, dass ich klug bin. Dann denken sie nicht, ich sei verrückt – und sie mögen mich.« Auf dem Weg durch die Highschool ins Erwachsenenleben perfektionierte sie die Methode und lernte, permanent die Erwartungen anderer zu erfüllen. Es funktionierte, aber ihr Verhalten feuerte auf sie selbst zurück: »Es machte mich ängstlich. Im Alter von 25 hatte ich im Alltag krankhafte Angstgefühle.« Der Trick, mit dem das kleine Mädchen so normal wie möglich wirken wollte, war für die erwachsene Frau zu einer Sucht geworden. Die Kehrseite: Sie hatte ständig Angst, etwas falsch zu machen. Und bald hatte sie Angst vor allen möglichen Dingen. Es war also Zeit, sich am Riemen zu reißen.

Sie erzählt ihre Geschichte mit der Souveränität einer Wissenschaftlerin, die Antworten in ihrer Forschung gefunden hat. »Soll ich das wirklich so offen schreiben?«, frage ich sie und fühle mich etwas ratlos. »Natürlich«, sagt Carter. Heute hat sie selbst Kinder. Und denen sagte sie: »Lebt ohne Widersprüche. Seid transparent, ehrlich und authentisch. Weicht niemals davon ab. Notlügen und ein falsches Lächeln bringen das Leben wie eine Lawine aus dem Gleichgewicht. Seid ihr selbst und riskiert, dass jemand euch nicht mag. Das ist besser, als den Stress und die Anspannung zu spüren, wenn ihr euch verstellt. Wenn ihr so tut, als wärt ihr jemand anders oder als wärt ihr zu etwas imstande, das ihr nicht könnt, dann raubt es euch das Glück.« Ein guter Rat an die nächste Generation der Glückssucher.

Jetzt müsste man halt nur noch wissen, wie das geht.

Was fühlst du wirklich?

Die Soziologin rät zu mehr Aufmerksamkeit – auf die eigene Emotionswelt: »Frag dich, was du gerade fühlst. Hast du Angst, was jemand anderes von dir denkt?« Viel zu oft gehen wir kritisch mit unseren Emotionen um, dabei ist es völlig in Ordnung, die Gefühle wahrzunehmen und sich entsprechend zu verhalten. Bei diesem Hinterfragen könnte uns auffallen: Ja, da ist diese Angst, dass jemand schlecht von uns denkt, wenn wir es nicht mehr allen recht machen. Angst haben wir vor der Konsequenz: Abweisung. Aber ginge es uns dann schlechter? Die kurzfristige gedachte Antwort lautet: Ich räume schnell die Spülmaschine aus, und alle freuen sich. Die mittelfristige lautet: Ich räume schnell die Spülmaschine aus, und am Donnerstag erwartet man es wieder von mir. Die langfristige geht dann so: Ich räume schnell die Spülmaschine aus, wie ich es dreimal in der Woche mache, obwohl ich eigentlich für meine Intelligenz hier eingestellt wurde und nicht für meine Fähigkeiten als Küchenhilfe. Dabei fühle ich mich so richtig beschissen, und meine Nebenniere schüttet Hormone aus, die mich auch noch krank machen.

Herzlichen Glückwunsch. Das geht so nicht. Ein Leben im Einklang mit den eigenen Bedürfnissen funktioniert nicht, wenn wir ständig versuchen, mit unausgesprochenen Bedürfnissen anderer zu jonglieren, vielleicht sogar mit Bedürfnissen, die wir uns nur ausdenken. Wir verlieren die Balance.

Mindfulness-Methoden helfen, um sich über die eigenen Bedürfnisse klar zu werden. Still werden, dem Körper zuhören. Wer unliebsame Projekte annimmt oder freiwillig aus dem überfüllten Fahrstuhl aussteigt, der möchte sich vielleicht selbstlos und geliebt fühlen – wenn dabei aber das Herz schneller schlägt, das Blickfeld sich verengt und der Bauch rumort, dann war an der Strategie irgendetwas falsch. Und übrigens: Beförderungen gibt es für Küchendienste auch nicht, außer vielleicht in Küchen – und selbst da zählen Können und Auftreten wohl mehr als die Bereitschaft zu Aushilfsdiensten.

Zeit für etwas mehr Egoismus

Carter suchte sich ihren »Sweet Spot«, was wörtlich »süßer Punkt« bedeutet und eine »effektive Zone« bezeichnet. Wer beim Tennis den Ball mit dem »Sweet Spot« des Schlägers trifft, der braucht weniger Energie, erläutert sie. »Ich muss weniger perfekt sein, um den Punkt zu machen. Freiheit und Stärke kennzeichnen diesen Zustand«, erklärt Carter. Ihr geht es nicht um den Erfolg. Den hätte sie zwar gern immer, aber sie will nicht ihre gesamte Energie dafür aufwenden. Denn man spürt sehr genau, wenn man den eigenen Sweet Spot nicht trifft. Der Rücken tut weh, der Magen beschwert sich. Und wer es anderen immer wieder recht machen will, der verbiegt sich zu sehr – und das tut dann erst recht weh.

Ein Beispiel sind Lügen. Aus der Forschung wissen wir, dass wir zwischen zehn- und zweihundertmal am Tag lügen. Das Problem ist also weit verbreitet. Wir wollen in Alltagssituationen leichter klarkommen oder verhindern, dass andere Menschen sich verletzt fühlen. Wir empfinden so genannte »White Lies«, also kleinere Alltagslügen, nicht als schlimm, wir empfinden sie als gute Taten. Carter erklärt am Beispiel von White Lies, dass Selbstkontrolle eine endliche Ressource ist. Wer sich verstellt, dessen Konzentrationsfähigkeit leidet. Es steigen Stress- und Angstsymptome im Körper an. Auf die Dauer schadet das unseren Organen genauso, wie anderer Stress es tut – obwohl wir mit White Lies eigentlich Stress vermeiden wollen. »Die Menschen, denen es gutgeht, die im Job gut sind und dabei auch noch ehrlich, die sind sehr glücklich«, analysiert Carter. »Sie sagen was ist, auch wenn es kleine Konflikte auslösen könnte.« Ehrliche Menschen sind manchmal schwerer auszuhalten. Aber sie sind auch vertrauenswürdiger.

Während eines Interviews habe ich Dr. Carter gefragt, wie man es anderen leichter machen kann, das neue Ich zu akzeptieren. »Völlig falsche Frage«, sagte sie und ich fühlte mich ertappt. »Du versuchst noch immer, es anderen recht zu machen. Aber was andere von uns denken, ist ihre Sache. Die Menschen vertrauen dir mehr, wenn sie wissen, sie können auf dich und deine Ehrlichkeit zählen. Die Verbindung wird dadurch tiefer.«

Wenn jemand lügt oder auch nur die Wahrheit unausgesprochen lässt, entsteht für alle Beteiligten Dissonanz und Stress. Wer lügt, der muss etwas vorspielen, und das kostet Energie. Der Empfänger der Botschaft spürt vielleicht dennoch eine gewisse Dissonanz. Er muss sich fragen: Ist das die Wahrheit? Ist die Aussage belastbar? Oder soll ich mich mit der Antwort nur besser fühlen?

Menschen, die es anderen ständig recht machen wollen und dabei zu sich selbst und dem Gegenüber unehrlich werden, sind anstrengend. Denn dadurch wird man gezwungen, Rücksicht zu nehmen und Hintergedanken zu antizipieren. Man muss ständig nachfragen, das erschöpft die eigenen Ressourcen, das schadet einer Freundschaft ebenso wie der Beziehung zu Kollegen. Es ist dann nur natürlich, dass sich andere Menschen zurückziehen, wenn sie ständig das Gefühl haben, eine andere Person unglücklich zu machen. So entsteht Distanz. Der Umgang mit Menschen, die mir geradeheraus sagen, was sie denken, ist vielleicht nicht immer angenehm. Aber ein ehrliches Nein ist viel leichter auszuhalten als ein schwer durchschaubares Ja.

Warum wir doch eh alle das Gleiche wollen

… nämlich ab und zu auch mal unsere Ruhe haben! Und das gilt vor allem für den ständigen Kontakt mit der Firma.

Eigentlich sind Smartphones eine tolle Sache. Mit dem mobilen Internet und den Telefonflatrates kann ich ständig in Kontakt mit meinen Freunden und meiner Familie sein. Besonders Textnachrichten sind prima: Sie erlauben mir, zu jeder Tages- und Nachtzeit meine Gedanken abzuschicken, ohne dass ich Angst haben muss, den Empfänger zu stören.

Leider ist dieser letzte Satz nicht mehr wirklich wahr. Denn unangekündigt anzurufen gilt heute als unhöflich, oft wird mittlerweile angenommen, dass Textnachrichten und E-Mails sofort gelesen werden müssen – auch vom Arbeitgeber.

Leslie Perlow lehrt an der Harvard Business School und hat bei der Boston Consulting Group die Mitarbeiter nach ihrem Smartphonegebrauch befragt. Sie fand heraus: 70 Prozent der Führungskräfte lasen ihre E-Mails in der ersten Stunde nach dem Aufwachen, 56 Prozent in der letzten Stunde vor dem Einschlafen und 50 Prozent am Wochenende und im Urlaub. Für sie war das normal, kein Zwang, einfach nur das eigene Pflichtbewusstsein und Hingabe an die Arbeit. Doch wirklich zufrieden waren sie darüber nicht. Sie verabredete mit ihnen eine »Predictable Time Off«, eine vorhersehbare Auszeit. Denn, mal ganz ehrlich: Glücklicher werden wir nicht, wenn wir vor dem Zähneputzen schon die Sorgen der Kollegen im Kopf haben. Perlow wollte wissen, was passiert, wenn sie den Menschen gibt, was viele sich insgeheim wünschen, aber nicht auszusprechen wagen. Zur Auszeit gehörte auch das Abendessen mit der Familie und ganz allgemein Zeiten, in denen kein Mensch gern auf sein Telefon schaut. Kern des Ganzen sind eigentlich Kommunikation und gegenseitiges Verständnis für die Tatsache, dass das Leben nicht am Firmenausgang endet, der Arbeitstag aber schon.

Perlow hat mit ihrer eigentlich technischen Maßnahme die Stimmung im Consulting-Team verbessert. Kaum ein Mitarbeiter wirft seinem Kollegen vor, wenn er beim Abendessen mit der Familie nicht sofort auf eine E-Mail reagiert. Aber jeder fühlt sich schuldig, wenn er selbst nicht zurückschreibt. Vielleicht ist es die Angst vor dem unberechenbaren Chef, vielleicht ist es das Streben nach der nächsten Beförderung, mehr Geld oder einfach nur der Kampf gegen die nächste Entlassungsrunde. E-Mails fühlen sich wie eine Pflicht an.

Doch niemand erwartet sofort eine Antwort auf eine E-Mail – die meisten schreiben sie nur deshalb sofort, damit der Gedanke aus dem Kopf und die Kommunikation erledigt ist. Das ist sogar sinnvoll, denn den Gedanken im Kopf zu lassen, würde uns nur unnötig belasten. Also raus mit der E-Mail.

Das Problem entsteht am anderen Ende: beim Empfänger. Wer zu jeder Tages- und Nachtzeit sofort zurückschreibt, der erwartet dafür den Respekt der anderen. Er gilt als engagiert – möglicherweise auch als Workaholic. Und die Arbeitssucht mag ein Laster sein, doch ist sie immer auch eines, auf das wir in einer Leistungsgesellschaft ein bisschen stolz sind. Frei nach dem Motto: Wer einen Burnout hat, der hat wenigstens richtig für seinen Job gebrannt. Ob das nun unbedingt nötig war, danach fragt dann wieder keiner. Schlimmstenfalls nehmen Chefs es gar nicht als besondere Leistung wahr, wenn ihre Mitarbeiter Tag und Nacht Gewehr bei Fuß stehen. Doch wer so arbeitet, der sollte sich mal überlegen, was er mit den Nachtzuschlägen noch verdienen könnte.

Aus diesen merkwürdigen Verhaltensweisen ist ein Teufelskreis entstanden, den niemand haben wollte. Es fängt mit Chefs an, dann folgen motivierte Mitarbeiter, die Einsatz und Erreichbarkeit anbringen, um Belastbarkeit und Verantwortungsbewusstsein zu demonstrieren. Sind sie gute Vorbilder? Nein, sie sind schlechte. Weil sie den Rest des Teams unter einen Druck setzen, der mittlerweile in vielen Unternehmen vollkommen normal geworden ist. Dabei war die E-Mail mal ein Medium, das man auch warten lassen konnte – deshalb nutzte man sie ja so gern, vor allem für die Arbeit.

Wenn wirklich die Hütte brennt, würde man ja doch wieder anrufen. Oder würden Sie der Feuerwehr erst mal eine E-Mail schicken? Sie erlaubten uns, das Wichtigste vom Zweitwichtigsten zu trennen. Doch irgendwo auf dem Weg in die Gegenwart ist uns dieses Gefühl abhandengekommen. Es lohnt sich, über einen neuen Kommunikationsknigge im Unternehmen zu sprechen. Denn auch wenn uns das Internet die Freiheit gibt, am Nachmittag die Familie zu organisieren und abends noch ein, zwei Stunden von zuhause zu arbeiten – mit der »Always on«-Arbeitsroutine sind wir zu weit gegangen. Sie belastet unseren Schlaf und unsere Beziehungen, die Gesundheit, sogar unseren Spaß bei der Arbeit.

In Perlows Experiment waren die Kollegen übrigens einige Monate später deutlich zufriedener mit ihren Jobs und fühlten sich in ihren Teams wohler. Sie arbeiteten besser zusammen, effizienter und kooperativer. Das hat auch viel mit Wertschätzung zu tun und dem Gefühl, unter Menschen mit ähnlichen Wünschen zu sein. Tatsächlich freuten sich nun 51 Prozent der Mitarbeiter morgens auf ihre Arbeit, vorher waren es nur 17 Prozent gewesen.

Warum funktionierte das so gut? Leslie Perlow arbeitete im Auftrag der Firma. Wer im Alleingang abschalten will, der braucht schon ein ziemlich starkes Selbstbewusstsein, um sich nicht schlecht zu fühlen, wenn er nach Feierabend ernsthaft Feierabend haben will. Wir Menschen sind Herdentiere, und wer abschaltet, der schert aus der Herde aus. Deshalb lohnt es sich, bei so einer Veränderung gleich die ganze Firma mitzunehmen. Oder das ganze Land. So machen es jetzt nämlich die Franzosen: Sie haben ein Gesetz erlassen, nach dem Unternehmer ihren Angestellten das Recht abzuschalten zuerkennen müssen. Je nach Firma und Arbeitsbereich sollen neue Spielregeln verhandelt werden. Eine kluge Methode, denn wir müssen nämlich vor allem eines: ehrlich über unsere Wünsche und Bedürfnisse sprechen. In Frankreich gestaltete sich die Umsetzung zunächst schwierig: Seit dem 1. Januar 2017 galt das Gesetz zur Wahrung von Ruhezeiten, Urlaub und dem beruflichen wie familiären Leben in Unternehmen mit mehr als 50 Mitarbeitern. Doch solche Regelungen zu finden – und dabei wirklich etwas zu verändern –, bedeutet, sich mit seinen Wünschen nach vorn zu wagen, sie auszusprechen. Und dann sind wir wieder beim Thema »für die Arbeit brennen«: Niemand möchte auch nur andeuten, dass er das abends um 22 Uhr nicht mehr tut.

In Deutschland sind es bislang nur einzelne Firmen, die mit gutem Beispiel vorangehen. Volkswagen zum Beispiel sperrt nach Feierabend die E-Mail-Zugänge, Führungskräfte ausgenommen. Bei Daimler können E-Mails im

Urlaub auf Wunsch direkt gelöscht werden. Meine Abwesenheitsnachricht sagt übrigens seit Jahren:

»Liebe alle, ich bin bis zum Tag X nicht erreichbar. Wenn ihr unbedingt meine Aufmerksamkeit braucht, meldet euch an diesem Tag um 9 Uhr noch einmal. Ansonsten garantiere ich für nichts. Liebe Grüße!«

Jetzt müsste ich nur noch durchhalten und wirklich nicht ins Postfach schauen.

Teil drei

Was wir für unser Glück tun können

8 Der perfekte Arbeitstag

Wir alle hätten gern mal einen perfekten Arbeitstag, oder?

In diesem Kapitel geht es um kleine Glücksmethoden, die das Leben ein bisschen besser machen. Leider gibt es kein Glücksgeheimnis. Denn Glück ist etwas, das in unserem Körper stattfindet, und kein mystischer Prozess. Glück besteht aus einem Hormoncocktail, Elektrizität und Nervenaktivität. Glück ist Chemie, Physik und Biologie. Alle Methoden, die in diesem Kapitel und dem nächsten vorgestellt werden, sind wissenschaftlich untersucht worden. Sie sind vielversprechend, aber sie werden nicht für jeden von uns gleichermaßen funktionieren, zumindest nicht sofort. Ein Experiment, das heute eher stresst, kann in einigen Monaten ein wunderbares Aha-Erlebnis auslösen. Ein anderes hilft vielleicht nicht beim ersten Versuch, aber hoffentlich beim dritten. Also probieren Sie sie durch, behalten Sie ein paar der Ideen bei sich, und dann greifen Sie in ein paar Monaten noch einmal zu diesen Kapiteln und versuchen Sie etwas anderes.

Schritt 1:
Ein richtig guter Arbeitstag startet erst am Arbeitsplatz. Erst kamen unsere E-Mails aufs Smartphone, mittlerweile liegen wir schon mit ihnen im Bett. Bevor wir Zahnpasta,

Kaffee und Nutella-Toast an uns ranlassen, sind schon die Kollegen, die Kunden und die Spam-Mails da. Keine Frage, manche Menschen müssen ihre Nachrichten zu jeder wachen Stunde verfolgen. Aber gehören Sie wirklich dazu? Und ist es wirklich so dringend, dass Sie sich von den Zen-Meistern der Lohnarbeit um 6.51 Uhr schon per Mail berichten lassen müssen, was diese um 4.17 Uhr gemacht haben?

Schritt 2:
Ein guter Arbeitstag bringt Abwechslung, aber wenig Ablenkung. Machen Sie sich einen kurzen Plan, wie Sie ihn verbringen wollen. Vermutlich gibt es ein paar Randbedingungen und Vorgaben, die unausweichlich sind wie Kundentermine, Besprechungen oder Deadlines. Lassen Sie sich während einer Aufgabe möglichst wenig von anderen Kollegen oder Aufgaben ablenken. Wenn Sie sich konzentrieren müssen: Telefon aus, Mail-Programm zu, »Jetzt nicht!«-Pappschild an die Bürotür. Versuchen Sie zum Beispiel, jeden Tag 60 bis 75 Minuten Stillarbeit einzubauen, bei der Sie alle Ablenkungen aus Ihrem Blickfeld räumen. In dieser Zeit kann man manchmal bis zur Hälfte seines Tagespensums schaffen – und danach ist eine Pause wohl verdient. Stillarbeit ist anstrengend, aber effizient.

Schritt 3:
Bringen Sie etwas Abwechslung in Ihren Tag. Abwechslung stimuliert das Gehirn, da wir uns immer wieder neu

auf etwas einstellen müssen. Vielleicht bearbeiten Sie morgens eine Stunde lang E-Mails und Anfragen, dann anderthalb Stunden lang ein komplexeres Projekt. Die Zeit nach dem Lunch eignet sich für Absprachen und Organisation, danach finden Sie vielleicht noch einmal die Muße für konzentrierte Arbeit. Pauschal kann man nicht sagen, was für Sie richtig ist, denn dafür sind Jobs viel zu unterschiedlich. Aber machen Sie sich einen Plan, und probieren Sie es mit einer Mischung. Und: Bringen Sie zu Ende, was geht. Fangen Sie nichts an, was Sie morgen sowieso noch einmal anfassen müssten. Aber glauben Sie nicht, dass Sie Ihren Arbeitstag nicht zerteilen könnten, weil die Aufgaben dafür zu groß seien. Zerlegen Sie große Projekte in händelbare Schritte. Und schauen Sie erst einmal, wie weit Sie kommen, wenn Sie sich von den Unterbrechungen befreien.

Schritt 4:
Alle 60 bis 90 Minuten braucht der Kopf eine Pause. Die Unterbrechung darf gern kurz sein. Hauptsache, Sie machen etwas anderes. Vielleicht räumen Sie nach 60 Minuten Stillarbeit sieben Minuten lang Ihr Büro auf und machen sich dann noch einen Tee. Dann werfen Sie noch einen Blick auf das, was Sie gerade getan haben, und dann machen Sie etwas anderes. Halten Sie Ihr Gesicht in die Sonne, strecken Sie sich. Gönnen Sie sich diese Momente. Geplante Unterbrechungen zur richtigen Zeit machen produktiv, Ihr Gehirn kann Kraft tanken, um anschließend wieder leistungsfähiger zu sein. Wichtig ist dabei, dass

nicht die Uhr entscheidet, wann Sie eine Pause brauchen. Sie selbst entscheiden. Wenn Sie ein Formular ausgefüllt, einen Kundenwunsch erfüllt oder irgendeine Teilaufgabe abgeschlossen haben, nehmen Sie sich einen kurzen Moment, bevor Sie sich an die nächste Aufgabe setzen. Und freuen Sie sich auf diese Pausen.

Schritt 5:
Überlegen sie sich am Tagesende kurz, was Sie heute geschafft haben und womit sie morgen früh anfangen wollen. Vielleicht notieren Sie sich eine kleine To-do-Liste. Der Vorteil: Wenn Sie das gemacht haben, dann müssen Sie den Rest des Abends nicht mehr daran denken, und am nächsten Tag starten Sie entspannter. Sie haben schließlich einen Plan.

Das probieren Sie bitte morgen gleich mal aus. Schwierig wird nur die Sache mit den E-Mails in der Früh, schließlich müssen Sie dafür Ihre Morgenroutine besiegen. Alles andere kriegen Sie mit ein wenig Planung und Aufmerksamkeit hin. Und dann überlegen Sie sich: Was hat sich verändert? Wenn Forscher diese kleinen Umstellungen in Firmen ausprobierten, berichteten die Teilnehmer von mehr Motivation, mehr Freude an der Arbeit und mehr Konzentration. Und sie konnten nach Feierabend besser abschalten. Machte das ganze Team mit, verbesserte sich sogar die Zusammenarbeit. Die Kollegen konnten bei der Arbeit mehr Rücksicht auf ihre Bedürfnisse nehmen und wussten, dass alle anderen das auch tun. Sie fühlten sich wohler, hatten mehr Respekt vor den Grenzen der anderen und fühlten sich nicht mehr unter Druck, auf jede Anfrage sofort zu reagieren.

9 In den Flow finden

Es kursiert diese tolle Geschichte eines Gehirnchirurgen, der eine schwierige Operation durchführte. Als er fertig war, sah er auf und in einer Ecke des Raumes herrschte totales Chaos. »Was ist passiert?«, fragte er, und eine OP-Schwester antwortete: »Während Sie operiert haben, ist ein Teil der Decke eingestürzt. Sie waren so konzentriert, dass Sie es nicht gemerkt haben.«

Manche Tage laufen einfach wie geschmiert. Es ist viel los, es gibt kaum Zeit für Pausen, aber am Ende ist alles geschafft, die Ergebnisse sind gut, die Zeit verging schnell, fühlt sich rückblickend aber wertvoll genutzt an. Nach so einem Tag klappt man beseelt seinen Computer zu und ist zufrieden mit sich, mit der Welt und mit der Gesamtsituation. Man braucht gar keine Belohnung mehr, denn der Kopf belohnt sich schon mit guten Gefühlen. Dabei hat man das Gleiche gemacht wie an allen anderen Tagen auch. Nur irgendwie besser, flüssiger, fokussierter und: zufriedener.

Leider klappt das nicht jeden Tag, zumindest meistens. Glücklicherweise ist das Phänomen bereits erforscht worden. Der ungarische Psychologe Mihály Csíkszentmihályi nennt diesen Zustand: Flow.[77] Es flutscht, es läuft, es rollt wie auf Schienen. Das Beste daran: Wenn wir im Flow sind, dann sind wir richtig gut in dem, was wir tun. Csíks-zentmihályi nennt vier Grundbedingungen, um in den Flow zu kommen. Sie klingen einfach und naheliegend, aber bei genauerer Betrachtung fällt uns auf: Oft sind sie einfach nicht erfüllt, vielleicht auch gar nicht erfüll*bar*.

1. Das Ziel muss klar sein. Wir brauchen eine Aufgabe oder ein Problem, das wir lösen müssen.
2. Das Ziel muss auch das eigene sein. »Intrinsische Motivation« heißt das Zauberwort. Ich arbeite für etwas, das ich wirklich erreichen will. Dieses Gefühl verleiht eine ganz eigene Energie.
3. Unsere Aufgaben müssen uns fordern, aber nicht überfordern. Deshalb kann ich zwar glücklich ein Buch schreiben, müsste ich hingegen ein Fußballspiel kommentieren, wäre der Stress wahrscheinlich groß.
4. Wir müssen Störungen und Ablenkungen vermeiden. Das Gute an dieser Bedingung: Sind wir erst einmal im Flow, dann sind wir deutlich schwieriger zu stören.

Kurz gefasst: Es muss alles irgendwie passen. So einfach ist das nicht, aber es lohnt sich. Wir sind produktiver, uns passieren weniger Fehler. Wir fühlen uns wohl bei der Arbeit, und wir machen unseren Job richtig gut.

Kommt Ihnen gar nicht bekannt vor? Das glaube ich Ihnen nicht. Vielleicht waren Sie schon einmal klettern und vollkommen konzentriert bei einer Route. Oder eine Radtour über die Dörfer Ihrer Kindheit fühlt sich wie ein Flug durch alte Zeiten an. Vielleicht ist es ein Samstag, an dem Sie zwar absurd viel zu tun haben, aber um 14 Uhr wie durch ein Wunder alles erledigt ist und Sie zufrieden aufs Sofa sinken. Oder es ist ein gutes Buch, das Sie gefangen nimmt, oder wenn die Finger wie von selbst über die Gitarrenseiten fliegen. Flow passiert, auch ohne dass wir das Konzept kennen.

Gruppen, die im Flow arbeiten, arbeiten übrigens auch besser zusammen. Dafür ist es wichtig, dass die Rollen in der Gruppe klar definiert sind und jedes Mitglied sich gleichermaßen gehört und geschätzt fühlt.

Dinge erledigen

Aufgaben abzuschließen macht unglaublich glücklich. Im Alltag fasse ich jedes Ding nur ein Mal an, erledige es, dann ist es weg und bedrängt mich nicht mehr. Zum Beispiel Rechnungen: Ich schreibe sie und schicke sie ab. Rechnungen, die ich bekomme, bezahle ich und lege den Brief weg. Fertig. Kurze Zeitungsartikel: schreiben, drüber schlafen, lesen, abschicken. Ich würde ja verrückt werden, wenn ich mir viele Tage lang mit kleinen Dingen Zeit ließe. Die Hausarbeiten meiner Studenten korrigiere ich erst, wenn ich alle bekommen habe. Und in diesem Zuge ist mir etwas aufgefallen. Ich fragte meine Studenten, wie sie eigentlich arbeiten. Bei mir gibt es meist mehrere kleine Hausaufgaben, für die ein, maximal zwei Tage ausreichen sollten. Was tun sie also? Sie machen sich Gedanken, fangen irgendwie an, werden aber abgelenkt und machen wann anders weiter. Konsequenz? Sie müssen sich am nächsten Tag, in der nächsten Woche, völlig neu reindenken. In der Zwischenzeit lastet ihnen die innere To-do-Liste auf der Seele.

Das ist eine ziemlich sinnlose Energieverschwendung. Irgendwann ist unser Gehirn vollgeklebt mit kleinen gelben Post-its, die uns an aufgeschobene Aufgaben erinnern. Was wir dabei vergessen: In dem Moment, in dem wir uns in eine Aufgabe reindenken, haben wir die Hälfte der Arbeit ja schon erledigt. Wir müssten jetzt nur noch den Körper in Gang setzen und aktiv werden. Doch das Gehirn ruft dazwischen: *Warte! Das war doch jetzt anstrengend genug!* Was das Gehirn dabei nicht erwähnt: Greifen wir erneut zur gleichen Aufgabe, müssen wir uns auch erneut reindenken. Das ist ineffizient, weil es Energie kostet. Glücklicher ist, wer seinen Alltag verschlankt. All die kleinen Dinge, die wir jeden Tag tun müssen, lasten uns nicht mehr auf der Seele, wenn sie erledigt sind.

Glückstagebuch führen

Was waren die drei schönsten Dinge, die heute passiert sind?

Simple Frage, oder? Doch vielen Menschen fällt es gar nicht so leicht, diese Frage zu beantworten. Viel von dem Guten, das uns jeden Tag widerfährt, nehmen wir nicht wahr. Es passiert, wir lassen es vorbeiziehen, und schon nervt wieder irgendwas – über das denken wir dann aber noch einige Augenblicke nach, während das Gute längst vergessen ist. Und nach einem solchen Tag will ich alles, nur nicht an die guten Dinge denken. Ich will mich ins Unglück reinsteigern und fühle mich dabei im Recht.

Das Glückstagebuch soll uns das Gute wieder bewusst machen: hinsetzen und einfach mal notieren, was an diesem Tag wirklich gut war. Die Methode hat sich in Studien bereits bewährt. Mir ist ein kleines Ritual lieber, vielleicht mit dem Partner oder in einer Chatgruppe mit Freunden. Am Abend zählt jeder drei gute Dinge auf und gibt sich dabei bitte auch Mühe. Oft lautet die Antwort nämlich einfach: Nichts. Man darf sich gegenseitig nicht so schnell vom Haken lassen. Die meisten Tage haben etwas Gutes an sich, wir müssen nur danach graben.

Diese Methode funktioniert, weil wir uns den Tag wieder ins Gedächtnis rufen, aber mit dem Filter: Was war gut? In der Regel ist der Filter ja eher: Was ist heute besonders berichtenswert? – Und das ist meistens eher das Negative.

Wenn es anfangs auch schwierig ist, drei Dinge zusammenzukriegen, mittelfristig ändert sich im Kopf etwas: Wir entwickeln einen Filter für glückliche Augenblicke. Schon tagsüber fallen uns positive Erlebnisse stärker auf. Schließlich wissen wir schon, dass wir am Abend danach gefragt werden. Im Kopf entsteht ein Narrativ, eine kurze Geschichte der glücklichen Momente. So beschäftigen wir uns schon mit ihnen, während sie passieren. Das hilft, die Erinnerung daran zu verankern. Das heißt, die Nervenzellen, die das gute Ereignis verarbeitet haben, werden noch etwas länger beschäftigt, und das stärkt ihre Verbindungen. Hat der glückliche Augenblick zum Beispiel mit einem Kollegen zu tun, werden wir sie oder ihn nachher wahrscheinlich ein kleines bisschen mehr mögen, weil wir das Gefühl leichter abrufbar machen. Das funktioniert durch die Neuroplastizität, die ich an früherer Stelle beschrieben hatte.

Das Gehirn ist formbar

Deshalb sollte man das Glückstagebuch auch um die soziale Komponente erweitern und Freunde hinzuziehen. Freunde, die sich für das Gute in unserem Leben interessieren. Das stärkt unsere Bindung und verhindert den See-lischer-Mülleimer-Effekt: den Zustand, bei dem wir uns bei unseren Freunden nur noch auskotzen, sie aber gar nicht mehr an unserem Glück teilhaben lassen. Freundschaft braucht beides: Ehrlichkeit, wenn es uns schlecht geht. Aber auch Freude, die wir teilen können.

Wer einige Wochen seine Glücksmomente teilt, der wird sich in der Regel besser fühlen. Er misst den guten Augenblicken plötzlich mehr Wert bei.

Andere Psychologen raten zu Dankbarkeit − einer Praxis, die mir bei der Recherche zu diesem Buch überraschend oft begegnete. Wer sich am Ende einer Woche überlegt, wofür er dankbar ist, der fühlt sich sozial besser eingebunden, sicherer und mehr unterstützt von seiner Umwelt. Das können Kleinigkeiten sein: Dankbarkeit für die Einparkhilfe eines völlig Fremden − oder ganz große:

Dankbarkeit für die eigene Gesundheit und ein Leben in Frieden. Erst die Dankbarkeit macht uns bewusst, wie gut es uns geht – auch wenn es mal weniger Glücksmomente gab. Das klappt nicht jeden Tag, aber es klappt oft. Und es wird leichter.

Abschalten

Ablenkung macht unglücklich. Sie setzt uns unter Stress, sie macht uns krank. Doch Abschalten, einfach mal unerreichbar sein, das ist gar nicht so leicht. Und viele Menschen können sich nicht abschotten, nicht einmal für eine Stunde am Tag. Sie haben Vorgesetzte, Kinder, Kunden, sie haben vielleicht einen Job, der permanente Erreichbarkeit verlangt.

Wer am Ende eines langen Tages nicht mehr wirklich weiß, was er getan hat, der hat wahrscheinlich ziemlich viele Dinge durcheinander getan. Ablenkung ist aber nicht nur ein wirkungsvoller Produktivitätskiller – sie macht uns auch unglücklich, darauf deuten Studien hin. Freiraum für Konzentration müssen wir uns erkämpfen, bei anderen wie auch bei uns selbst.

Natürlich fällt es uns schwer, acht Stunden durchzuarbeiten, oder seien es auch nur zwei mal vier, scharf getrennt durch eine pünktliche Mittagspause. Doch es gibt nicht nur die beiden Extreme stundenlanger Stillarbeit und permanenter Ablenkung.

Erforscht wird das momentan besonders stark, weil mit den Sozialen Netzwerken neue Ablenker in unsere Arbeitstage getreten sind. Sie funktionieren so gut, weil sie uns ein Versprechen geben: Schau rein, du wirst etwas Neues finden. Wahrscheinlich wird es dir gefallen, vielleicht ist es sogar wichtig für dich. So ist unsere Ablenkbarkeit auch ein Symptom innerer Unzufriedenheit: Irgendwo muss es etwas Besseres geben als das, was gerade vor mir liegt. Manchmal wird das Versprechen eingelöst, manchmal nicht. Im ersten Fall suchen wir häufig weiter nach einem noch größeren Kick. In letzterem Fall suchen wir ebenfalls weiter. Die eigentliche Hauptsache, zum Beispiel die Arbeit, die gemeinsame Mittagspause, der Film, die neueste Episode der Lieblingsserie oder der Abend im Park, wird zur Nebensache. Übrig bleibt am Ende des Tages nur die Unzufriedenheit: *Kommt da noch etwas? Soll das alles gewesen sein?* Wir können nicht genießen, was wir nicht bewusst erleben. Selbst wer eine unangenehme Aufgabe erledigt, könnte am Ende des Tages froh sein, wenn sie vorbei ist. Doch werden wir nicht stolz auf eine Arbeitsleistung sein, die wir ganz nebenbei erbracht haben, egal, ob die Ablenkung aus der Familie kam, von den Kollegen oder aus den Sozialen Netzwerken. Ablenkungen abzuschalten bringt uns deshalb Produktivität, aber auch Zufriedenheit.

Mittagspause genießen

An effizienten Tagen dauert die Mittagspause in etwa 20 Minuten. Schnell runter in die Kantine, am besten allein. Fünf Minuten anstehen, bezahlen, hinsetzen, dann in zehn Minuten alles runterschlingen: Salat, Orangensaft, Cordon Bleu mit Pommes, Möhrchen und Erbsen. Zurück in den Fahrstuhl, hoch, Kaffee im Vorbeigehen aus der Küche und am Schreibtisch trinken, weitermachen.

»Spar dir doch einfach die Mittagspause, und schling nur schnell irgendwas runter«, so lautet der gute Rat von niemandem an niemanden, niemals. Denn eigentlich wissen wir es besser: Mittagspausen ausfallen lassen ist Quatsch. Das macht uns weder produktiver noch glücklicher. Eigentlich stresst es nur und macht dick.

Man muss in der Mittagspause nicht gleich joggen gehen und anschließend ins Bio-Restaurant, aber wie wäre es mit einem kleinen Spaziergang durch die Umgebung? Vielleicht gibt es einen Wald, einen kleinen Park? Der Imbiss schmeckt auf einer Parkbank wahrscheinlich besser als am Schreibtisch, weil wir ihn hier bewusster genießen. Der Weg zurück an den Schreibtisch bringt noch dazu die Verdauung in Gang, selbst wenn er nur ein paar Hundert Meter weit ist. Die frische Luft draußen bringt den Kreislauf in Schwung, das Gehirn bekommt mehr Sauerstoff. Wir sind wacher, aufmerksamer – und fühlen uns weniger überwältigt von der Masse unserer Aufgaben. Und das, obwohl ein Spaziergang am Mittag doch eigentlich wertvolle Arbeitszeit vergeudet. Zeitverschwendung kann jedoch nützlich sein, wenn wir danach schneller und effektiver arbeiten. Entscheidend ist, wie wir unsere Zeit verbringen. Schnell zur Post, dann 15 Minuten in der Schlange stehen, voller Sorge, zu spät zurückzukommen? Das gibt zwar zumindest auf dem Weg frische Luft, stresst ansonsten aber mehr als die Arbeit selbst. Unser Gehirn bekommt keine Chance, sich mal für einen Augenblick vom Stress des Tages zu erholen. Dabei wäre genau das wichtig.

Wagen Sie also ein kleines Experiment. Gehen Sie einfach mal raus. Bis zum Ende der kommenden Arbeitswoche, jeden Tag, mitten am Tag. Mindestens 20 Minuten lang. Mit Regenschirm unter welken Blättern oder in dicker Winterjacke durch eine frostige Winterlandschaft. Und sogar im Sommer durch die Mittagshitze, auch das Sonnenlicht weckt uns und gibt Energie und gute Laune für den Rest des Tages. Schon der Anblick von Pflanzen reduziert Stress. Dafür reichen zwanzig Minuten Spaziergang am Tag, fanden finnische Wissenschaftler heraus.[78] Netter Nebeneffekt: Auch das Erinnerungsvermögen wird gestärkt.[79] Es lohnt sich also, die kleinen Parks in den Innenstädten zu erhalten, zu pflegen, vor Bebauung zu schützen. Sie schützen uns nämlich auch.

Schultern zurück und lächeln

»Lächeln Sie, dann fühlen Sie sich besser.«

Schon mal gehört? Neurowissenschaftler und Psychologen wissen schon seit Jahren, dass es nicht so einfach ist. Gefühle sind komplexe Gebilde. Die Sozialpsychologin Elaine Hatfield und ihre Kollegen beschreiben sie als Päckchen mit verschiedenen Inhalten[80]: das Gesicht, der Tonfall, die Haltung, Aktivität im Gehirn und im vegetativen Nervensystem und unterschiedliche Verhaltensweisen. »Das Gehirn führt zusammen, was es an emotionaler Information bekommt«, schreibt Hatfield, »deshalb wird jede der emotionalen Komponenten von den anderen beeinflusst.« Und daher reicht es auch nicht, einfach den Rücken durchzudrücken und ein Lächeln zu fälschen – auch wenn das ein guter Anfang ist. Doch spätestens wenn das Kinn zu zittern beginnt, ist klar: Das war noch nicht die Antwort. Zum Glück braucht es etwas mehr als gute Haltung. Tatsächlich kann ein falsches Lächeln uns auf Dauer traurig machen. Wir legen eine Maske auf und trennen uns damit von unserer Umwelt. Das macht nicht glücklich, sondern einsam.

US-amerikanische Wirtschaftspsychologen haben Studien mit Busfahrern durchgeführt.[81] Wenn diese ihr Lächeln nur aufsetzten, fühlten sie sich am Ende des Tages schlechter. Wer hingegen lächelte, weil er an etwas Positives dachte, der fühlte sich am Abend gut dabei. Der Effekt war besonders stark bei Fahrerinnen. Die Autoren der Studie,

Brent A. Scott und Christopher M. Barnes, führen das auf die Erziehung zurück: Von Frauen erwarten wir eher ein Lächeln als von Männern. Deshalb lautet die beste Antwort auf das ewige »Lächle doch mal« einfach »Sag mal was Lustiges«. Der kleine Sieg zaubert vielleicht wirklich ein Grinsen auf das eigene Gesicht. Gute Gedanken wirken dabei jedenfalls nachhaltiger als reine Muskelkraft.

Nach innen und außen lächeln

Wer seinem Selbstbewusstsein einen Kick geben will, der kann das mit der Wonderwoman-Pose tun: gerade hinstellen, Blick in die Ferne, die Hände in die Hüften stemmen. So trat Superwoman einst den Kampf gegen böse Mächte an, und so können wir auch innere Dämonen bekriegen. In dieser Pose schickt unser innerer Schauspieler uns vielleicht ein paar kämpferische Gedanken. Die Muskulatur ist angespannt, wir fühlen uns stark, fest mit dem Boden unter unseren Füßen verbunden. Das gibt uns die Kraft für kommende Aufgaben. Manchmal werden wir sogar besser in dem, was wir uns vorgenommen haben. Die wissenschaftliche Forschung ist sich über den Effekt dieser Power-Posen noch nicht ganz sicher, aber ein Versuch wird jedenfalls nicht schaden.

Heute wissen wir übrigens, dass die Augenringmuskulatur sehr viel mit unserem Glück zu tun hat. Das sind jene Muskeln, die uns diese zauberhaften Lachfalten um die Augen zaubern, manchmal werden sie aber auch als Krähenfüße verschrien. Versuchen Sie mal vor dem Spiegel, diese Muskeln zu aktivieren – nur die wenigsten schaffen das, ohne mindestens ein bisschen glücklich zu sein. Und das ist ein nützlicher Anhaltspunkt. Denn ein wenig Glück tragen wir fast immer in uns – und sei es auch nur, weil wir uns vorm Spiegel selbst anlachen.

Erinnerungen bewahren

»Nostalgie macht uns glücklich«, schreibt der Journalist und Autor Daniel Rettig in seinem Buch »Die guten alten Zeiten«.[82] Wenn die Realität also gerade Mist ist – Bahn verpasst, zu spät im Termin, böser Blick vom Boss –, wieso nicht mal an das Gute denken, das schon war? Das erinnert uns daran, wie gut unser Leben manchmal ist, auch wenn es aktuell nicht ganz so gut hinhaut. Lange dachten Psychologen, dadurch würden wir erst recht mit der Gegenwart hadern. Doch das Gegenteil ist der Fall: Wir werden optimistischer.[83]

Im Vergleich zu anderen gedanklichen Fluchten wirkt dieser Effekt sehr natürlich. Nostalgische Freude ist schließlich echte Freude. Wir erinnern uns an einen Moment, der wirklich gut war. Das ist auch für unser Gehirn viel glaubwürdiger, als wenn wir uns die aktuelle Situation schönreden oder einfach nur hoffen, dass es morgen besser wird.

Ein Team von Psychologen um Tim Wildschut hat Testpersonen nostalgische Geschichten aufschreiben lassen. Dabei stellten die Wissenschaftler fest: Ihre Wortwahl war deutlich optimistischer als die in einer Kontrollgruppe, die über weniger affektvolle Ereignisse schreiben sollte. In einem anderen Experiment spielten sie ihren Teilnehmern Musik aus deren Vergangenheit vor, wieder andere bekamen nur ein paar Zeilen eines Songs gezeigt, den sie früher sehr gemocht hatten. Dann sollten sie einen Fragebogen nach den eigenen Gefühlen beantworten. Das Ergebnis blieb konsistent: Wer Musik von früher hörte oder die Zeilen eines alten Lieblingsliedes gelesen hatte, der fühlte sich optimistischer – und sein Selbstwertgefühl stieg. »Ein wenig Nostalgie«, so schlussfolgern die Autoren, »kann uns deshalb durch schwere Zeiten hindurchhelfen.« Es kann wieder besser werden. Wir haben es ja schon selbst so erfahren.

Menschen wiederentdecken

Soziale Kontakte zu Freunden, Partnern, Kollegen und Familie machen uns glücklich. Dennoch lassen wir auf unserem Weg durchs Leben so einige Menschen hinter uns, und das ist ganz natürlich. Also wie wäre es mal mit diesem Experiment zum Glück: Einmal in der Woche gehen Sie durch Ihre Facebook-Kontakte oder Ihr Telefonbuch und schauen, wen Sie mal kontaktieren könnten. Vielleicht hinterlassen Sie einfach einen netten Gruß, schicken eine Nachricht oder gratulieren zum letzten Lebensereignis. Zeitlicher Aufwand: Ungefähr zwei Minuten. Einfach mal »Hi!« sagen und fragen, wie das Leben so läuft.

Das lohnt sich: Man erfährt Neues von Menschen, die mittlerweile ein völlig anderes Leben führen als man selbst. Wer weiß, was für Reaktionen auf den Impuls zurückkommen. Vielleicht gar keine, vielleicht entsteht aber auch eine Verabredung zum Kaffee und ein nettes Gespräch mit jemandem, den man lang vergessen glaubte. In solchen Momenten erinnern wir uns an alte Zeiten, und unsere Gehirne filtern langfristig das Positive heraus. Es kann helfen, ein wenig Nostalgie zum Feierabend zu schaffen, um uns glücklich zu machen.

Aufräumen

Das Unheil beginnt mit einer Kramschublade. Fast jeder hat eine. Vielleicht ist es keine Schublade, sondern eine Box, vielleicht ein Ordner auf dem Desktop des Computers mit dem schönen Namen »Gedöns«. Dinge, die nicht wegsollen, die man vielleicht noch einmal brauchen könnte und für die es im Ordnungssystem des Arbeitsplatzes aber doch keinen rechten Platz geben will. Und das aus gutem Grund: Denn wahrscheinlich brauchen wir das Gedöns dann doch nicht mehr. Ein kleiner Auszug aus meiner Gedönskiste: diverse Ladekabel, einige davon für längst entsorgte Geräte, eine alte Geburtstagskarte, Fernbedienungen (keine Ahnung, wofür), mobile Ladegeräte, die den modernen Smartphones gar nicht mehr gewachsen sind, Aufkleber, obwohl ich nie irgendwo etwas draufklebe. Aber ich könnte ja eines Tages, und dann müsste ich mir keine neuen Sticker kaufen, das wäre doch schön. Alles darin steht unter einem großen »Vielleicht« – und da lauert die Gefahr.

Radikales Ausmisten und Entrümpeln wirkt auf die Seele wie ein symbolischer Schlussstrich unter die Vergangenheit, schreibt Aufräumguru Marie Kondo in ihrem Buch »Magic Cleaning«.[84] Und: »Aufräumen heißt Neuanfang.« Große Worte. Auf jeden Fall kann es uns bei der Arbeit helfen. Wer den Schreibtisch frei hat, der hat möglicherweise auch den Kopf ein wenig freier, deshalb ist das einen Versuch wert.

Marie Kondo rät dazu, nur die Dinge zu behalten, die uns wirklich Freude machen. Das halte ich für eine grandiose Idee. Ich fürchte nur, das Finanzamt wird das vollkommen anders sehen, deshalb habe ich meine Steuerordner wieder aus der Altpapiertonne gefischt. Doch sie hat ja recht: Etwas muss passieren.

Es gibt im Film »Wild« diese wunderbare Szene, in der Reese Witherspoon beinahe unter ihrem Rucksack zusammenbricht und ein erfahrenerer Wanderer sie überredet, nur noch die Dinge mit sich zu tragen, ohne die sie auf keinen Fall überleben wird. Dieser Ratschlag ist perfekt. Er funktioniert bei der Reiseplanung, aber auch bei der Arbeit. Werde ich ohne die alten Ersatzakkus überleben? Definitiv. Aber die Aufkleber, die sortiere ich vielleicht in eine Bastelmappe, dann sind sie zumindest aus dem Blickfeld geräumt.

»Wenn der Einstieg in ein ordentliches Leben erst einmal geschafft ist, entwickelt sich das Aufräumen rasch zum Selbstläufer«, schreibt Marie Kondo, und das ist kein Wunder, schließlich ist es gerade die Überwältigung, die bei einem Berg von Arbeit Angst und Stress auslöst.[85] Diese Gefühle lähmen uns, und das ist das Gegenteil des zuvor beschriebenen Flow-Erlebnisses.

Doch selbst, wenn Sie nicht nach dem ersten Versuch zum Aufräumexperten geworden sind: Dann können Sie den Versuch zumindest wiederholen. Vielleicht macht das Ergebnis ja irgendwann süchtig.

Kleine Gesten schätzen

Heute schon eine gute Tat vollbracht? Der Organisationspsychologe Adam Grant schlägt die »Five-Minute Favors« vor, kleine Gefallen, die uns nicht mehr als fünf Minuten unserer Zeit stehlen. Kleine Gefallen sind einfach: eine freundliche E-Mail an die Kollegin, die viel öfter ein »Danke!« verdient hätte, als sie es bekommt. Ein Strauß Blumen für Mama, einmal den Abwasch machen und den Müll runterbringen, obwohl das eigentlich der Job des Mitbewohners ist. Diese kleinen Gesten fühlen sich wahnsinnig selbstverständlich an − und deshalb lassen wir sie so gerne mal schleifen.

Im Internet gibt es die Kampagne »Billion Acts«, eine Milliarde kleiner Aktionen. Sie schlägt jeden Tag vor, was wir heute Gutes tun könnten. Es sind winzige Dinge: Einfach mal den Barista im Café anlächeln, dem Kassierer im Supermarkt einen wunderbaren Abend wünschen oder den Kollegen eine Schale Kekse hinstellen. Glücklich werden dabei beide Seiten: die unerwartet Beglückten, weil sie mit der Geste nicht gerechnet haben und sie eine Abwechslung vom routinierten Alltag darstellt. Und ja, auch wir selbst. Wer gibt, der aktiviert sein eigenes Belohnungszentrum im Gehirn. Das ist die Region, die auch so glücklich auf Sport, neue Schuhe oder Schokolade reagiert. Deshalb sind Menschen, die ihre Freizeit noch der ehrenamtlichen Arbeit widmen, langfristig glücklicher und gesünder. Klingt verdammt anstrengend? Das geht wohl allen so. Deshalb hilft es, klein anzufangen. Niemand muss gleich ein eigenes Projekt zur Flüchtlingshilfe gründen. Es reicht schon, mal auszumisten und die alte Bettwäsche zu spenden, vielleicht noch die Winterschuhe, die längst durch ein schickeres Paar ersetzt sind. Viele Organisationen holen die Sachen sogar ab. Wer ein bisschen mehr tun will, der sammelt vielleicht noch bei den Nachbarn alte Sachen ein. Und wer ausgelastet ist, der fängt vielleicht mit etwas ganz Kleinem an, mit einem Lächeln oder damit, im Supermarkt die alte Dame mit den Gelee-Bananen vorzulassen.

In bestimmten Phasen unseres Lebens wirken noch mehr Aufgaben wie dieses Quäntchen *zu viel*, das uns den Rest gibt. Doch eine Arbeit, die wir nicht aus Zwang tun, sondern freiwillig, und die wir nicht für Geld tun, sondern einfach, damit es anderen besser geht, befriedigt unser Bedürfnis nach Sinn. Und das gibt uns Kraft, die uns abends vor dem Fernseher fehlt.

Atmen üben

In den stressigen Momenten des Tages, in denen wir nur noch reagieren, weil wir mit immer mehr Aufgaben jonglieren müssen, sollten wir uns auf unser Atmen konzentrieren.

Ausatmen. Einatmen. Aus, ein.

Das ist die simpelste Form der Meditation: konzentriert atmen, ein und aus, ein und aus. Im Liegen auf dem Sofa, auf der Yogamatte, in der Bahn zur Arbeit oder im Sitzen am Schreibtisch. Schließen Sie die Augen, und zählen Sie die Atemzüge bis zehn, dann von Neuem. Einatmen – eins. Ausatmen – zwei. Es geht um die Konzentration auf den eigenen Körper. Diese Übung soll unsere Gedanken einfangen und unserem Bewusstsein einen Moment der Ruhe schenken. Wer sich auf die eigene Atmung konzentriert, der spürt sich selbst und dieses Bewusstsein wirkt auch auf unseren Körper zurück.

Der Vagus-Nerv

Das klingt esoterisch? Tatsächlich ist das ein neurologisches Phänomen. Verantwortlich ist der Vagus-Nerv[86], ein Nervenstrang, der sich von ganz oben im Rückenmark bis in die Organe zieht und viele nützliche Dinge beeinflusst: Wie schnell unser Herz schlägt, wie unser Körper bei Entzündungen reagiert, wie gut unser Immunsystem funktioniert, wie unsere Verdauung auf Stress reagiert – und wie es uns gelingt, Mitgefühl für andere Menschen zu empfinden. Der Vagus-Nerv verläuft durch unseren Hals. Er wird auch aktiv, wenn wir nicken oder den Kopf schütteln, wenn wir sprechen – oder wenn wir atmen. Und hier wird es interessant. Denn die Aktivität des Vagus-Nervs messen Neurologen, indem sie den Herzschlag vor und nach einer tiefen Atmung messen. Ausatmen verlangsamt unseren Herzschlag nämlich. Nicht viel, aber doch ein wenig. Deshalb atmen viele Menschen erst einmal aus, wenn sie sich ärgern.

Übrigens geht es nicht darum, sich vom Boden zu lösen und gefühlt körperlos im Raum zu schweben. Wer keine bunten Farben sieht, der macht – Überraschung – gar nichts falsch. Es geht darum, ein Körpergefühl zu entwickeln. Wie fühlt sich der Boden unter den Füßen an oder der Pullover auf der Haut? Ist ein Flugzeug zu hören, oder laufen Kinder schreiend am Haus vorbei? Erst im nächsten Schritt konzentrieren sich Meditierende auf ihre Atmung. Die Welt da draußen spüren wir weiterhin, genauso wie den eigenen Herzschlag und die schwitzigen Finger. Wer sich auf die Atmung konzentriert, für den treten diese Sinneseindrücke nach ein paar Trainingseinheiten in den Hintergrund. Sie sind noch da, aber sie werden weniger wichtig.

Das Gleiche gilt für Grübeleien. Die kommen auf jeden Fall, auch bei Meditationsprofis. Einfach so den Alltag abschalten? Manchmal geht's, manchmal geht's halt nicht. Meditation ist kein Wettkampfsport, auch wenn sich mancher Yogakurs heutzutage so anfühlt. Gedanken kommen. Dafür ist unser Gehirn ja nun einmal da. Lassen wir sie ziehen. Wer das bei einer Atemübung trainiert, dem könnte es später auch im Alltag leichterfallen. Einen Versuch ist es zumindest wert. Und es reicht auch, wenn dieser fünf oder zehn Minuten dauert. Einfach mal ausprobieren.

Loslassen ist gar nicht so einfach

Beim Atmen können verkrampfte Muskeln entspannen und schiefe Haltungen korrigiert werden. Es ist nicht der Sinn der Übung, möglichst tief und im Takt zu atmen, sondern die natürlichen Atemzüge zu beobachten und zu zählen. Atmen kann unser Körper schließlich allein, dafür sorgen Muskeln wie das Zwerchfell. Weil dieses Zwerchfell unbedingt weiteratmen will, sind wir als Kinder bei Trotzanfällen nicht einfach erstickt, wie praktisch. Doch »einfach loslassen« wird am Anfang für die meisten Menschen nicht funktionieren. Das ist normal. Wer sich auf seine Atmung konzentrieren soll, der steuert seinen Atem. Genau so wie Sie an einen rosa Elefanten denken werden, wenn ich Ihnen sage, Sie sollen es nicht tun. Keine Sorge: Mit ein bisschen Übung wird das besser. Wir müssen unserem Körper bei der Atmung nicht helfen. Es reicht, wenn wir ihm zuschauen und zuhören.

Mehr Liebe wagen

In der Bibel steht ja, wir sollen unseren Nächsten lieben wie uns selbst. Oft genug schiebt sich dazwischen aber die Erkenntnis, dass der Nächste das aber so was von nicht verdient hat. Tja, Liebe macht aber etwas mit unserem Gehirn, das uns glücklicher, entspannter und widerstandsfähiger zurücklässt. Deshalb lohnt sich diese Übung mit der Liebe tatsächlich. Die Buddhisten sprechen von der »Metta-Meditation«, die Forschung nennt es »Loving Kindness Meditation« (LKM).

Die Übung ist also relativ einfach: hinsetzen, Augen schließen und sich selbst etwas Gutes wünschen. Und dann macht man weiter und wünscht seinem Nächsten etwas Gutes. Dann jemandem, der es wirklich verdient hat. Dann der ganzen Welt. Dann dem Idioten, der mich heute Morgen fast überfahren hätte.
Dabei können Sie folgende Wünsche gebrauchen:
Möge ich frei sein von Gefahr.
Möge ich glücklich sein.
Möge ich körperlich gesund sein.
Möge ich leicht durchs Leben gehen.

Wer das eine Weile macht, der fühlt sich glücklicher. Spannend daran: Der Gewöhnungseffekt bleibt aus, berichtet ein Forscherteam um die Psychologin Barbara Fredrickson. Wegen der »hedonistischen Tretmühle« macht uns die Gehaltserhöhung, das neue Auto, die neue Spielkonsole nur zeitweise glücklicher. Recht bald schon haben wir uns an das Neue gewöhnt, unser Glücksniveau pendelt zurück auf seinen Standardwert. Bei dieser Übung tritt das jedoch nicht ein, sie wird nicht irgendwann langweilig für unser Gehirn.[87]

Einige Studien hierzu zeigen, dass Migräne-Symptome erträglicher werden[88] und auch chronische Rückenschmerzen.[89] Auch US-amerikanische Veteranen mit Posttraumatischer Belastungsstörung haben in einem Experiment von der Loving Kindness Meditation profitiert.[90] Sie gingen liebevoller mit sich selbst um und zeigten geringere Symptome der Depression.

Diese Übung funktioniert aber auch für Anfänger, bei vielen vielleicht sogar gleich beim ersten Versuch. Darin unterscheidet sie sich von Meditationspraktiken, die sich um die Atmung drehen – und sogar von Medikamenten. Wir fühlen uns den Menschen um uns herum näher, das gilt sogar für Fremde, fanden Wissenschaftler der Universität Stanford heraus.[91] Das »Ich bin nicht allein mit meinen Problemen«-Trostgefühl können wir verstärken, in dem wir anderen ein wenig Liebe schicken. Und dafür müssen wir sie noch nicht einmal treffen. Wenn wir sie dann aber treffen, werden die meisten von uns nach so einer Meditation offener für die neue Begegnung sein.

Es gibt sogar schon Hinweise darauf, dass diese Meditation den Alterungsprozess bei Frauen verlangsamt.[92] Jetzt sind aber hoffentlich alle bereit für einen kleinen Versuch?

Schlafen lernen

Mehr Schlaf macht glücklich – das ist keine Überraschung, oder? Erstaunlich ist es aber, wie wertvoll dieses Schlafglück ist. Tatsächlich hat der Nobelpreisträger Daniel Kahneman herausgefunden, dass schon eine zusätzliche Stunde Schlaf pro Nacht Frauen glücklicher macht als eine Gehaltserhöhung von 60 000 US-Dollar.[93]

Die Apotheken-Umschau hat in Deutschland mal gefragt, was uns bei Nacht wach hält. Mehr als die Hälfte der Befragten klagt über schnarchende Mitmenschen im eigenen Bett. Jeder Dritte muss zu oft aufs Klo. 23 Prozent leiden unter dem viel zu hellen Vollmond, 19 Prozent stören sich an der Zeitumstellung, 18 Prozent fühlen sich körperlich nicht gut. Was fällt auf? Kaum jemand beschwerte sich über Stress im Job, Smartphone-Displays, auf denen spät am Abend noch E-Mails aufpoppen, oder die Tatsache, dass Eltern ihre Kinder zu vollkommen unchristlichen Zeiten fit für die Schule kriegen müssen. Dabei sind es genau diese Dinge, die uns tatsächlich stressen und wach halten. Übrigens leidet Schätzungen zufolge mindestens jeder dritte Arbeitnehmer zuweilen an Schlafstörungen.

Einigen Menschen geht es mit verdammt wenig Schlaf richtig gut. Der Schlafforscher Kevin Morgan schätzte sie gegenüber der BBC einmal auf etwa 1 Prozent der Bevölkerung. Also: Von hundert Leuten kommt einer mit weniger als vier Stunden Schlaf pro Nacht aus. Das sind so wenige, dass die Chance, dazuzugehören, schon mal ziemlich gering ist.

Das Non-Profit-Forschungsinstitut Rand Europe hat geschätzt, dass der deutschen Volkswirtschaft etwa 57 Milliarden Euro flöten gehen, weil übermüdete Mitarbeiter Fehler machen, unproduktiv sind, zuhause bleiben oder infolge ihrer Übermüdung sterben, durch Unfälle beispielsweise.[94] Insgesamt beläuft sich die schlafbedingte Abwesenheit auf 200 000 Arbeitstage. Um mehr als 34 Milliarden Euro könnte die deutsche Wirtschaft wachsen, wenn chronische Wenigschläfer ein oder zwei Stunden früher ins Bett gingen. Das sind ziemlich bedenkliche Nachrichten. Vor allem vor dem Hintergrund, dass viele Menschen wertvollen Schlaf aufgeben, weil sie Dinge erledigen wollen oder müssen.

Immerhin wissen wir mittlerweile, dass die meisten Menschen ihre Schlafzeit eher unterschätzen als überschätzen. Das liegt schon daran, dass es uns so wahnsinnig stresst, wenn wir nicht schlafen können. Zum Stress addieren sich noch das Risiko von Übergewicht[95], Alkohol- und Zuckerkonsum, zu wenig Energie für Sport und sogar psychische Probleme. Das Immunsystem leidet[96], und wir werden öfter krank[97]. Wer zehn Nächte lang nur sechs Stunden schläft − statt sieben bis neun − der ist am zehnten Tag noch so aufmerksam, wie er es nach etwa 24 Stunden ohne Schlaf wäre.[98] Und wer 24 Stunden am Stück wach ist, der hat die gleiche Reaktionsfähigkeit, die er auch bei einem Promille Alkohol im Blut hätte. In Deutschland gäbe es für diesen Alkoholwert im Straßenverkehr mindestens zwei Punkte in Flensburg, einen Monat Fahrverbot und ein Bußgeld von 500 Euro.

Bei einer Untersuchung wurde sogar herausgefunden, dass Schlafmangel uns ein klein wenig neurotisch machen kann. Aber keine Sorge, das war wirklich nur eine kleine Studie mit wenigen Teilnehmern eines einzigen Unternehmens.[99] Da gibt es noch einigen Forschungsbedarf. Schlafforschung findet heutzutage an den Top-Universitäten statt. Harvard hat sogar eine Initiative gegründet, »Get sleep«, frei übersetzt: Schlaf dich aus.[100] Mit ihren Studien haben sie direkt mal beim eigenen Nachwuchs angefangen: Ärzte im ersten Jahr der Ausbildung machen Fehler, das ist klar. Doch die Schlafforscher konnten etwa ein Viertel aller Fehler den extremen Arbeitszeiten der jungen Kollegen auf der Intensivstation zuordnen.[101]

Und wie soll das mit dem Schlaf jetzt gehen? Wer nicht gut einschlafen kann, dem helfen vielleicht ein Verdunklungsrollo und ein wenig Smartphone- und TV-Abstinenz am Abend.

Einfach so eine Stunde eher ins Bett dürfte vor allem ein Ergebnis haben: Langeweile. Denn mal eben so können wir unseren Tagesablauf nicht ändern, unser Körper ist träge, vor allem, wenn es um Gewohnheiten geht. Aber fünf Minuten eher als sonst, das kriegen wir doch hin. So lassen sich Gewohnheiten langsam anpassen. Immer mal wieder fünf Minuten eher ins Bett gehen, ohne sich die Zeit am frühen Morgen wieder zu holen.

Es lohnt sich.

10 Karriere kostet Lebenszeit

Eine zentrale Frage von Menschen mit anspruchsvollen Jobs lautet: Wie schafft man es, engagiert und erfolgreich zu sein, ohne dabei zwischen Euphorie und völliger Erschöpfung aufgerieben zu werden?

Mein Freund Karim bekleidet eine mittlere Führungsposition als Abteilungsleiter. Bekommen hat er den Stuhl, weil er zur richtigen Zeit die richtigen Dinge wusste. Und eigentlich gefällt ihm sein Job. Er ist keiner von denen, die erst glücklich sind, wenn ihnen niemand mehr sagt, was sie tun sollen. Man sollte meinen, er ließe sich jetzt in seinen Job hineingleiten, stelle ein Gleichgewicht her und arbeite seine Lebenszeit bis zur Rente runter. Karim hingegen arbeitet jeden Tag vom Aufwachen bis in die Nacht hinein, und wenn ein Mitarbeiter ausfällt, raten Sie mal, wer einspringt und auch noch stolz darauf ist.

Unsere Gesellschaft ist eine Leistungsgesellschaft

Wir streben nach mehr, das macht uns so erfolgreich. Wir Mitteleuropäer sind besonders schlimm, manche sagen, das läge an unserer preußischen Vergangenheit und den Werten Disziplin und Ehrgeiz. Das Problem an dieser Stelle ist eines aus der ökonomischen Theorie: Es heißt »Race to the bottom«, das Rennen nach unten, also das Gegenteil von »Race to the top«, wie wir es von Karrieren erwarten. Dass mehr Arbeitszeit und weniger Freizeit besser sind, lässt sich durchaus kontrovers diskutieren. Am Ende des Lebens hat noch kaum jemand bereut, zu wenig gearbeitet zu haben. Es sind Glück und Freude, die uns wichtig sind. Beruflicher und finanzieller Aufstieg können sicherlich zum Glück beitragen. Allerdings nicht für jeden.

Dazu kommt, dass, wer länger arbeitet, nicht unbedingt produktiver ist. Es wird Zeit, dass wir unsere Arbeitswerte geraderücken: Was ist eigentlich gut und genug?

»Wo du bist, da ist vorn!«

Diese Weisheit geben wir unseren Kindern mit. Doch wo ist eigentlich dieses *vorn*? Wo ich hingehe, da ist auch die richtige Richtung. Zumindest für mich selbst, solange ich bewusste Entscheidungen treffe. Und zu diesen bewussten Entscheidungen gehört ein realistisches Abwägen der Folgen. Wer Karriere machen will, der sollte sich vorher erst einmal selbst kennenlernen. Stellen Sie sich folgende Fragen: Was ist für mich eigentlich Erfolg? Welche Aufgabe macht mir wirklich Spaß? Wann ist mein Leben gut? Wer gern mit dem Tagesgeschäft jongliert, der ist in einer organisatorischen oder strategischen Führungsposition vielleicht falsch. Wer abends mit seinen Freunden am See sitzen will, der sollte keinen Job annehmen, in dem er bis 21 Uhr ansprechbar sein muss.

Wir sind in unserer Leistungsgesellschaft so sozialisiert, dass wir kein eigenes Gefühl für oben und unten mehr entwickeln. Oben: Chef. Unten: ungenutztes Potential. Leistung und Karriere sind mit Sicherheit eine gute Sache. Aber dann bleiben noch diese unbequemen Fragen: *Warum das Ganze, wenn's gar keinen Spaß macht? Wozu das ganze Geld, wenn wir es nur für Aktivitäten ausgeben, während derer uns die Arbeit dann doch wieder ablenkt? Wofür das schicke Auto und das Landhaus, wenn uns beides doch nur durch den Pendlerstau ins Büro bringt? Wann hört das mal auf?*

Nun ist Karriere nicht zwangsläufig schlecht fürs Wohlbefinden. Jedoch hat uns niemand beigebracht, wie wir die Droge des Erfolgs genießen können, ohne am Morgen nach der Party mit einem furchtbaren Kater aufzuwachen.

So war das schließlich auch gar nicht geplant. Denken wir vom Startpunkt aus: Irgendwann sind viele von uns angetreten, um Karriere zu machen und dabei glücklich zu werden. Ein paar Jahre später stellt sich die Frage: Kann man gleichzeitig erfolgreich und glücklich sein? Zu diesem Lebensglück gehört ein angenehmes soziales Umfeld, wie in den vorangehenden Kapiteln beschrieben. Für das mittlere Management, Team- und Abteilungsleiter – jeden, der Zeit mit seinem Team verbringt und es nicht durch ein Vorzimmer abschottet –, ist also das Glück der Mitarbeiter zu einem guten Teil mitverantwortlich für das Glück des Chefs. Umgekehrt gilt das ja meistens auch: Ein

unglücklicher Vorgesetzter kann sein Team in die Unzufriedenheit hinein nerven.

Pauschale Antworten auf all diese Fragen sind schwer zu
geben. Was für viele Menschen gilt, das hat dieses Buch an
vielen Stellen beschrieben. Die Forschung sagt: Mach deine Arbeit, aber danach verbring Zeit mit Freunden und
hab Spaß. Doch auch was für viele gilt, das gilt niemals für
alle. Und es gilt auch nicht an jedem Punkt im Leben.
Deshalb ist ein Innehalten so wichtig. Es lohnt sich, sich
an verschiedenen Stellen im Leben einmal wieder die Frage zu stellen: Lebe ich so, wie es für mich richtig ist? Treffe ich gute Entscheidungen, die sich mit meinen Zielen
decken?

Wir können eben nicht alles haben, das ist der Gedanke,
an den wir uns gewöhnen müssen. Doch immerhin können wir das Beste aus unseren Möglichkeiten herausholen.
Dazu gehört es auch manchmal, den Abend am See zu
opfern und im Job durchzupowern. Hier kann die Forschung uns nicht weiterhelfen. Wann wir dem Job den
Vorzug geben, das muss jeder Mensch für sich entscheiden.

Die Beförderung macht glücklich, das lässt sich für die
meisten Menschen behaupten. Leider gilt das nur kurzfristig, dann brauchen wir einen neuen Kick, eine neue Beförderung, mehr Geld, mehr Einfluss, das liegt an der bereits erklärten hedonistischen Anpassung: Das Gute hält
nicht lang. Wer glücklich bleiben will, der muss sich etwas
mehr anstrengen. Das gilt für Mitarbeiter wie auch für
Chefs, denn es lohnt sich, in das Glück des Teams zu investieren.

Wer Macht behalten will, der muss sie teilen

»Ich hab einen neuen Job«, sagt mir meine Freundin Katja am Telefon und klingt etwas zittrig. Großer Schritt. Katja hatte eigentlich nicht gehen wollen. Doch als sie ihrem Chef von dem Angebot der Konkurrenzfirma hatte erzählen wollen, ließ dieser sie über die Assistentin abblitzen. Dabei muss man wissen, dass Katja eigentlich gar nicht kündigen wollte. Sie arbeitete seit sieben Jahren in der Firma und hatte dort alles gelernt, sogar Freunde, Anerkennung und ihre große Liebe gefunden. Sie hatte sich eingearbeitet, gute Kontakte geknüpft. Und sie war gut in ihrem Job. Nun bekam sie ein neues Angebot mit mehr Geld und mehr Selbstbestimmung. Sie nahm dies zum Anlass, die Spielregeln ihrer Arbeit neu zu verhandeln. Denn das Einzige, was ihr in diesem Augenblick wirklich fehlte, war Vertrauen von oben. Jeden Schritt musste sie absegnen lassen, jeden Schlenker ausdiskutieren. Statt Wertschätzung erlebte sie aus der Chefetage immer wieder die gleiche Vorsicht, mit der man ihr als Berufsanfängerin begegnet war. Und mit ihrem Chef funktionierte es schon seit einigen Monaten nicht mehr, deshalb wollte sie mit ihm über ihre Entwicklungsmöglichkeiten reden. Offenbar waren die wohl eher gering. Katja lief ihrem Chef nicht mehr hinterher. Sie verließ das Unternehmen.

Ich kenne jede Menge Katjas, männliche und weibliche. Eine konnte das Führungsvakuum in ihrem Start-up irgendwann nicht mehr ertragen. Einer hatte keine Lust mehr auf den Befehlston. Einer reichte es nach sechs Wochen in der neuen Firma, weil sie sich nicht wie eine Praktikantin behandeln lassen wollte, obwohl man sie als Expertin geholt hatte. Wieder andere arbeiteten sich krank.

Von ihren Geschichten lernen wir: Wer seine Mitarbeiter behalten will, der sollte sie mitmischen lassen. Es sind gerade die engagiertesten Kollegen, die den Kontakt zum Chef einfordern. Sie wollen Informationen, sie wollen gehört werden. Die engagiertesten sind oft die, die am meisten nerven. Wer sich ausgerechnet von ihnen abgrenzt, der wird sie auch bald verlieren. Der Glücksforscher Shawn Achor schreibt in seinem Buch zum »Happiness Advantage«, dem Vorteil des Glücklickseins:»Das Gefühl, dass wir die Kontrolle haben, Meister unseres eigenen Schicksals sind, ist eine der stärksten Triebkräfte sowohl des Wohlbefindens wie auch der Leistung.«[102] Das ist kein Plädoyer für Basisdemokratie im Autokonzern. Das Gefühl der Kontrolle können Chefs auch vermitteln, indem sie ihren Mitarbeitern zuhören und sie dabei ernstnehmen.

Karriereregeln

Der Psychologe Dacher Keltner von der Universität Berkeley stellte in seinem Buch »Das Macht-Paradox« Karriereregeln auf, und Machtlosigkeit formt einige seiner zentralen Prinzipien.[103] »Machtlosigkeit heißt, permanent Bedrohungen vor Augen zu haben. Sie untergräbt die Fähigkeit der Einzelnen, zur Gesellschaft beizutragen. Machtlosigkeit macht krank.« Das ist eine deutliche Warnung. Auch aus der

Verhaltensökonomie wissen wir: Menschen, die mitentscheiden dürfen, sind produktiver. Das beobachten ebenfalls Verhaltensökonomen in ihren Experimenten.[104]

Dass es zu dieser Machtlosigkeit der unglücklichen Mitarbeiter überhaupt kommt, schiebt Keltner auf das Macht-Paradoxon: Macht erlangen jene Kollegen, die für das Wohl des ganzen Teams arbeiten. Egoismus ist selten erfolgreich, und noch weniger werden jene Menschen befördert, die andere für ihren eigenen Erfolg hintergehen.[105] Gruppen bestrafen ein solches Verhalten und fördern jene Kollegen, die der Sache dienen oder die Moral erhöhen. Jährlich beobachten lässt sich das in Reality-TV-Shows wie dem Dschungelcamp oder bei Big Brother: Zunächst gibt es kaum Unterschiede in der Gruppe, doch schon bald bekommen Einzelne mehr Autorität verliehen. Begeisterung, Enthusiasmus, Fairness gehören zu den Eigenschaften, die in Teams funktionieren. Eigenschaften, die andere mitreißen. Die anderen hören ihnen zu, und ihr Wort gilt, wenn es darum geht, Streit zu schlichten. Doch es kommt auch immer der Moment, an dem die Autorität des Anführers wieder in Frage gestellt wird.

In einem Karrierekontext ist Macht oft mit einem formalen Aufstieg verbunden: Dem einflussreichen Kollegen wird eine Position gegeben, die diesen Einfluss durch Status untermauert. Wer aufsteigt, der lässt Menschen hinter sich. Die Kollegen von gestern sind heute plötzlich weisungsgebunden. Wo gestern noch ein Wir-Gefühl war, müssen sich die soeben Beförderten plötzlich neu beweisen. Doch wer Macht erlangt hat, der verliert oft seine

Empathie, und handelt eigennütziger – und unhöflicher. Plötzlich stehen die Interessen der anderen weit hinter den eigenen, erläutert Keltner. So wird die Basis der Macht wieder verspielt, und es entsteht das Paradox: Wer eingangs dem Team diente, der beutet es schließlich aus. Und wenn das auffliegt, dann ist die Macht bald wieder weg. Zunächst nur der Respekt, der dem Anführer entgegengebracht wird. Später – möglicherweise – auch der formale Status.

Ihre Macht auszunutzen ist etwas, das wohl die wenigsten Menschen planen, wenn sie ihre Karriere durchdenken. Da läuft etwas schief. Aus einem gesellschaftlichen Einfluss wird plötzlich einer, der nur noch durch den beruflichen Status begründet ist. Das Team wendet sich ab, selbst wenn es nicht wegkann.

Doch die Arbeitswelt hat sich verändert: Heute können Mitarbeiter das Unternehmen einfacher verlassen, sie sind nicht mehr ihr Berufsleben lang an eine Entscheidung, eine Firma oder einen Vorgesetzten gekettet. Frauen und zunehmend auch Männer kündigen keine Jobs, sie kündigen Chefs. Gute Chefs wissen das zu verhindern. Schlechte Chefs brauchen wieder eine neue Katja.

Warum gute Chefs glückliche Mitarbeiter haben – und gesunde

Zweimal in meinem Berufsleben war ich so richtig heftig krank. Beide Male dauerte es zwei Monate, bis ich wieder wirklich gesund wurde. Natürlich quälte ich mich zwischendurch zur Arbeit und sammelte wahrscheinlich schon auf dem Weg dorthin jede Menge U-Bahn-Bazillen ein, weil mein fahrradverwöhntes Immunsystem gegen die keine Abwehrkräfte hatte. Schonen half nix, hochmotiviert ins Büro fahren auch nicht. Ich war krank, und nach jedem Anflug von Besserung wurde es wieder schlimmer. Rückblickend kann ich sagen: Glücklich war ich in diesen Zeiten auch nicht gerade. Schlussendlich schrieb mich meine Hausärztin für drei Wochen krank und verordnete Entspannungstechniken und Spaziergänge. Von Chefallergie steht im Katalog der anerkannten Krankheiten allerdings nichts. Dennoch können Chefs etwas dafür tun, dass ihre Mitarbeiter gesund bleiben. Gute Chefs sein nämlich.

Präsentismus ist teuer

Mit einer Erkältung zur Arbeit zu gehen, nützt niemandem. Laut den Unternehmensberatern von Booz & Company kosten Krankheit und Blaumachen ein Unternehmen im Schnitt 1199 Euro pro Mitarbeiter. Präsentismus, also Anwesenheit trotz Krankheit, kostet hingegen 2399 Euro.[106] Wer krank ins Büro geht, der schadet seiner Firma, weil er seinen Kollegen schadet. Die werden sich nämlich bedanken, wenn der Darmvirus einmal rumgeht, zwei Wochen später die ganze Belegschaft umfällt und die Arbeit am Ende an denen hängen bleibt, die sich schnell auskuriert hatten.

Oft werden komischerweise bei manchen Chefs die Mitarbeiter eher krank als bei anderen. Das muss gar nicht immer bedeuten, dass die Kollegen öfter blaumachen oder die Mitarbeiter guter Chefs öfter krank ins Büro gehen. Möglicherweise gibt es einen tatsächlich messbaren Unterschied bei den Krankheiten: Gute Chefs haben gesündere Mitarbeiter, darauf deutet eine kleine Studie aus den USA hin.[107] Sie nennt ein Kriterium für eine gute Führungspersönlichkeit: Wer einen empathischen Chef hat, der meldete sich seltener krank.

Die Angestellten der einfühlsameren Chefs in dieser Studie waren auch glücklicher, wenn sie ihre Ziele erreichten. Alles hing davon ab, ob ihre Chefs ihre Gefühle teilten, egal, ob positiv oder negativ. Ständig die Leistung der Abteilung hochzujubeln, reicht also nicht: Führungskräfte brauchen ein Gefühl für die Stimmung ihrer Leute. Und wenn sie mit dieser Fähigkeit gute Laune erzeugen, umso besser. Glückliche Mitarbeiter sind produktiver, und produktive Mitarbeiter sind glücklicher.[108] Eine Doktorandin aus den Niederlanden erforschte sogar einmal, dass lächelnde Chefs die Kreativität ihrer Mitarbeiter im Schnitt um 11 Prozent fördern, während ihre analytischen Fähigkeiten nachlassen.[109] Gucken die Chefs hingegen oft traurig oder mürrisch, war es genau umgekehrt: In analytischen Aufgaben sind die Mitarbeiter 23 Prozent schneller und besser, dafür hapert es mit der Kreativität. Insgesamt wurden gut gelaunte Chefs als dreimal so effektiv bewertet wie die traurigen.

Wer sich seinem Chef näher fühlte, der profitierte emotional wie auch physisch davon. Wer dagegen über körperliche Beschwerden bei der Arbeit klagte, der kam auch langsamer voran, hatte weniger Erfolgserlebnisse. Und mit denen fehlt schon ein bedeutendes Glückselement. Es lohnt sich also, Zeit mit den Mitarbeitern zu verbringen, sie besser zu verstehen und gemeinsame Werte zu suchen. Es dient der Gesundheit der Kollegen – und auch der Firma.

Wann man gehen sollte

Dieses Buch möchte Sie nicht zum Kündigen animieren. Sie sollen glücklicher in dem Job werden, den Sie haben. Dummerweise ist das manchmal nicht möglich, ohne sich selbst in eine seelische Krise hineinzubewegen. Denn wenn das Innere auf Glück eingestellt ist, wir in unseren Handlungen darauf hinarbeiten, und von außen kommen doch nur Druck, schlechte Stimmung, fehlendes Vertrauen oder fehlende Vertrauenswürdigkeit, dann ist das sehr frustrierend. Der niederländische Management-Trainer Jurgen Appelo schreibt in seinem Buch »Managing for Happiness«, dass man morgen nicht mehr zur Arbeit fahren sollte, wenn die besten Erlebnisse im Leben alle im Urlaub stattfinden. Paul Watzlawick beschreibt dieses Phänomen in seiner »Anleitung zum Unglücklichsein« mit einer alten Sage. Sie erzählt von einem Mann, der an einer Straßenlaterne steht und im Schein des Feuers nach etwas sucht. Es ist Nacht, nur der Kegel der Laterne erleuchtet das Dunkel. Ein Polizist kommt vorbei und hilft. Sie suchen und suchen, und der Polizist fragt den Mann – der möglicherweise ein klein wenig volltrunken ist –, ob er seinen Schlüssel wirklich hier verloren habe? »Nein, nicht hier«, antwortet der andere, »sondern dort hinten – aber dort ist es viel zu finster.« Der Vorteil einer solchen Suche ist, so schreibt Watzlawick, dass sie zu nichts führt, außer zu noch mehr Suchen.

Manchmal muss man einfach gehen. Der erste der wirklich guten Kündigungsgründe lautet: Geh, wenn es mit dem Vorgesetzten und der Teamstruktur nicht besser wird. Wer den Weg trotzdem weitergeht, der gesellt sich zu Watzlawicks Betrunkenem und sucht stur im Schein einer Straßenlaterne nach einem Gut, das er ganz woanders verloren hat. Die Lehre daraus muss doch sein: Dort, wo das Glück nicht liegt, da brauchen wir es auch nicht zu suchen.

Wir wünschen uns eigentlich, dass wir in jeder Lebenssituation jeden Job machen können. Aber in der Realität ist unsere Gesellschaft noch nicht so weit. Dabei ist der Wunsch, einen Job zu finden, der zu uns und unseren Lebensumständen passt, sehr legitim. Dann ist das Kündigen der alten Arbeitsstelle auch keine Flucht, sondern ein bewusst gewählter Weg. Nicht von etwas Altem weg, sondern hin zu etwas Neuem. Das ist der zweite der guten Kündigungsgründe: Es passt nicht mehr, lass uns glücklich getrennte Wege gehen, bevor es unangenehm wird. Das hat viel mit Mut zu tun, und den finden wir nur, wenn Hoffnung da ist: eine positive Erwartung an eine Zukunft, die glücklicher ist. Diese Gefühle – Optimismus, Hoffnung, Mut – möchte ich mit diesem Buch stärken.

Zum Schluss

Ich schreibe dieses Kapitel mit frisch getrockneten Tränen. Nicht, weil ich fertig mit der Schreibphase bin, sondern weil ich heute Mittag durch meine Wohnung hüpfte und mit mir selbst feierte, dass 60 Prozent des Buches fertig geschrieben waren. So dachte ich. Und für etwa 30 Minuten war ich ausgesprochen glücklich, erzählte es meinen Eltern, meinen Freunden, meinem Agenten, wollte es gerade dem Späti-Besitzer um die Ecke erzählen und mir eine Flasche Sekt abholen. Bis ich feststellte, dass man Buchseiten ja auf ganz viele Arten zählen kann und mein Schreibprogramm ganz anders zählt, als alle anderen das mit ihren Normseiten tun. Und dann waren es nur noch 40 Prozent des Gesamtwerks, die fertig waren. Und mein Arbeitsvolumen bis zum Tag der Abgabe hat sich plötzlich veranderthalbfacht. Das fühlt sich gerade vollkommen unüberwindbar an. Rückschläge passieren, harte Tage haben wir alle. Dieses Buch hat auch nicht die glücklichste Frau der Welt geschrieben, eher eine ziemlich normale. Es gibt keine immer-glücklichen Menschen, auch wenn manche Leute so aussehen. Aber Glück für immer, das verhindern schon unsere Gehirne. Es ist das falsche Ziel. Das hat etwas damit zu tun, dass Glück in unserem Gehirn wie eine Droge wirkt – oder eher umgekehrt: Drogen sind so gestaltet, dass sie in unserem Gehirn wie Glück wirken. Und wie bei Drogen brauchen wir zu unserem Glück immer mehr, und das ist im Alltag schwer umzusetzen. Aber wir können viel mehr aus uns selbst machen, als die Evolution uns beigebracht hat. Wir sind die Menschen, die nicht mehr ums Überleben kämpfen müssen – auch wenn es sich manchmal genau so anfühlt. Das gibt uns eine Freiheit, auf die der Mensch an sich nicht vorbereitet ist.

Ziel dieses Buches konnte es nie sein, alle Leser zu glücklichen, leistungsfähigen Arbeitstieren zu machen. Ich hoffe vielmehr, ein Bewusstsein für unsere Denkmuster und für Reaktionen unseres Körpers zu schaffen, die uns das Leben im Alltag schwer machen. Kaum jemand kann einfach gehen, wenn ihm ein Job keine Freude mehr macht. Vielleicht wäre das auch falsch, denn dann würden wir alle ständig weglaufen. Doch wie in der Liebe lohnt es sich. Wer geliebt werden will, der muss sich zuerst selbst lieben. Und wer von seinem Job glücklich gemacht werden will, der muss das Glück auch in sich selbst entdecken.

Ich möchte Sie einladen, mit mir über das Glück zu diskutieren. Schreiben Sie mir gern unter *glueck@isabellprophet. net*, unter dem Hashtag *#LebentrotzArbeit* oder über meine Facebook-Seite *facebook.com/isabellprophet*.

Ich würde mich freuen!

Ich möchte der Suche nach dem Glück ihre Undurchsichtigkeit nehmen. Viele hochkarätige Wissenschaftler forschen zu diesem Thema. Ihre Erkenntnisse können wir in unserem Alltag nutzen, weil es das Leben besser macht, ohne viel verändern zu müssen. Die Widerstände sind viel kleiner, als wir eigentlich denken. Wir brauchen nur das richtige Werkzeug, und das liegt im Wissen. Es wurde generiert in Experimenten mit tausenden Teilnehmern und mit modernster Technik, die uns direkt ins Hirn blickt. So wenig wie die Medizin, genauer: die Neurowissenschaft, die Ökonomie und die Biochemie weiche Wissenschaften sind, Gefühlsduselei oder Laberfächer, so wenig ist es die Glücksforschung, denn sie findet interdisziplinär in genau diesen Wissenschaften statt. Ihre Erkenntnisse zeigen uns: Wir sind keine Maschinen, keine Algorithmen. Wir sind nicht da, um gute Arbeitnehmer zu sein oder neue kleine Menschen zu schaffen oder Sauerstoff in Kohlendioxyd umzuwandeln, damit die Bäume besser atmen können. Wir wissen eigentlich gar nicht, warum wir da sind. Der Sinn des Lebens? Keine Ahnung. Aber nun, wo wir schon mal hier sind, können wir die Zeit wenigstens genießen. Im Gegensatz zu den Menschen vor uns haben wir die Möglichkeit dazu. Die Komfortzone, wenn Sie so wollen. Wir sind die Menschen, die ihr Glück überall suchen und finden können. Weil Glück eben etwas ist, das wir lernen, erleben und weitergeben können.

Anhang

Danksagung

Dankbarkeit, so sagt die Forschung, ist etwas, das uns glücklich macht. Wir fühlen uns sozial eingebunden, unterstützt, getragen und wertvoll. Glücklicherweise schreibt man so ein Buch tatsächlich nie allein. So habe ich nun viele Menschen, denen ich dankbar sein kann:

Andreas Rickmann, der mit mir ein sehr irres Buchjahr überlebt hat und mich dabei immer wieder zurück auf den journalistischen Pfad gehoben hat.

Meinen Eltern, Petra Prophet, Harry Sinkel und Harri Prophet für all das Glück im Leben.

Markus Michalek, Johannes Engelke und Monika König, die mir eine völlig neue Welt gezeigt haben: die der Bücher. Vielen Dank dafür. Und natürlich arbeiten auch sie nie allein, deshalb gilt der Dank dem ganzen Team bei der Agentur AVA-International und dem Mosaik-Verlag.

Anja und Yuna Reumschüssel für Kakao, Nudeln mit Pesto und ihren Blick auf die Welt und meine komischen Thesen. Isabel Christian als Gegenspielerin für alle Lebenslagen, Gunda Windmüller, die immer den richtigen Katalysator für mein Gehirn hatte. Ohne euch wären viele wichtige Fragen nie gestellt worden. Dazu kommen die wunderbar böse Jessica B. Wagener und Nadine Dingel, für ihre klugen Blickwinkel auf meine Texte und Gedanken.

Den Wissenschaftlern, die sich unermüdlich meinen Fragen gestellt haben: Stephen Colarelli, Rick Hanson, Dacher Keltner, Peter L. Strick und der klugen, starken Christine Carter, weil sie so ein großartiges Vorbild ist. Sie alle haben meinen Horizont erweitert, eventuelle Fehler habe ich selbst hinzugedichtet.

Dacher Keltner und Emiliana Simon-Thomas danke ich für »The Science of Happiness« bei Education X. Den Machern von EdX, weil sie der ganzen Welt Wissen schenken, das wertvollste aller Geschenke. Und ich danke Menschen, die niemals aufhören wollen, zu lernen.

Und Dank gilt auch all den Freunden und Bekannten, die mir ihre Geschichten erzählt haben, die mich inspiriert haben, weil sie beim Camping nicht sich selbst fanden, sondern Mücken. Eure Erlebnisse sind die Essenz dieses Buches. Bitte verklagt mich nicht.

Quellenverzeichnis

Internetquellen, zuletzt geöffnet am 3. Juni 2017.

1 Shawn Achor, The Happiness Advantage, Virgin Books 2010

2 Andrew J. Oswald, Eugenio Proto, and Daniel Sgroi, Happiness and Productivity, Journal of Labor Economics 2015 33:4, 789-822

3 Philip Brickman and Dan Coates, Ronnie Janoff-Bulman, »Lottery Winners and Accident Victims: Is Happiness Relative?«, Journal of Personality and Social Psychology, 1978

4 Kristin Layous, Sonja Lyubomirsky, The How, Why, What, When, and Who of Happiness, in: Positive Emotion: Integrating the Light Sides and Dark Sides, Oxford Scholarship, 2014

5 http://www.faz.net/aktuell/wirtschaft/die-deutschen-sind-so-gluecklich-wie-nie-trotz-terrorgefahr-14486553.html#GEPC;s30

6 van Kleef G.A., De Dreu C.K., Manstead AS., The interpersonal effects of anger and happiness in negotiations, J Pers Soc Psychol. 2004 Jan;86(1):57-76.

7 Joseph P. Forgas, Rebekah East, On being happy and gullible: Mood effects on skepticism and the detection of deception, Journal of Experimental Social Psychology 44 (2008) 1362–1367

8 Alixandra Barasch, Emma E. Levine, Maurice E. Schweitzer, Bliss is ignorance: How the magnitude of expressed happiness influences perceived naiveté and interpersonal exploitation, Organizational Behavior and Human Decision Processes 137, 2016, 184–206

9 Damaris Rose, Abwärtsmobilität beim Haushaltseinkommen ohne langfristigen Einfluss auf die Lebenszufriedenheit, In: Informationsdienst Soziale Indikatoren 56, S. 10

10 Georg Wilhelm Friedrich Hegel: Vorlesungen über die Philosophie der Geschichte, hrsg. von Dr. Eduard Gans. 1837

11 Johannes Hirschberger: Die Geschichte der Philosophie, Verlag Herder, 2000

12 http://webarchive.nationalarchives.gov.uk/20160105160709/
http://www.ons.gov.uk/ons/dcp171776_400162.pdf S. 8

13 http://www.spiegel.de/panorama/gesellschaft/
studie-zur-religiositaet-wer-glaubt-wird-nicht-
unbedingt-gluecklich-a-789365.html

14 Johannes Hirschberger, Die Geschichte der Philosophie, Band I, S. 126, Verlag Herder, 2000

15 Abraham H. Maslow, Motivation and personality, (1954). Brandeis University, New York

16 Dostojewskij, Fjodor. Die Dämonen, Insel Taschenbuch, Leipzig 2008

17 Richard David Precht: Wer bin ich, und wenn ja wie viele?, Goldmann, 2007

18 http://www.welt.de/wirtschaft/article148016628/Die-wichtigsten-Gruende-fuer-einen-Jobwechsel.html

19 Kerstin Kullmann, »Basteln fürs Selbst«, Der Spiegel 46/2016

20 Matthew B. Crawford: »Die Wiedergewinnung des Wirklichen – eine Philosophie des Ichs im Zeitalter der Zerstreuung«. Ullstein Verlag, 2016

21 Pennebaker, J.W. & Beall, S.K. (1986). Confronting a traumatic event: Toward an understanding of
inhibition and disease. Journal of Abnormal Psychology 95.
Und: Pennebaker, J. W., & Chung, C. K. (in press). Expressive writing and its links to mental and physical health. In H. S. Friedman (Ed.),
Oxford handbook of health psychology. New York, NY: Oxford University Press.

22 J.L. McParland, C. Knussen, J. Murray, The effects of a recalled injustice on the experience of experimentally induced pain and

anxiety in relation to just world beliefs. European Journal of Pain, 2016

23 Nudge, Cass R. Sunstein und Richard H. Thaler, Penguin Books, 2009

24 Amos Tversky, Daniel Kahneman (1974): Judgment under Uncertainty: Heuristics and Biases, in: Science, Vol. 185, S. 1124–1131

25 W. Samuelson, R. J. Zeckhauser, Status quo bias in decision making. In: Journal of Risk and Uncertainty. Band 1, 1988, S. 7–59

26 Barbara Fredrickson, Positivity: Top-Notch Research Reveals the Upward Spiral That Will Change Your Life, Harmony 2009

27 Brickman, Philipp, Coates, Dan, Janoff-Bulman, Ronnie, Lottery Winners and Accident Victims: Is Happiness Relative?, Journal of Personality and Social Psychology 1978, Vol. 36, No. 8, 917-927

28 ZEIT NR. 13/2013

29 Konstantin A. Kholodilin, Wanderungen in die Metropolen Deutschlands, In: Der Landkreis 87 (2017), 1/2, S. 44-47

30 Ben Baumberg Geiger, George MacKerron, Can alcohol make you happy? A subjective wellbeing approach, Social Science & Medicine, Volume 156, May 2016, Pages 184–191

31 Wilson T.D., Gilbert D.T. Affective forecasting: Knowing what to want, (2005) Current Directions in Psychological Science, 14 (3) , pp. 131-134.

32 Gilbert, Daniel T.; Pinel, Elizabeth C.; Wilson, Timothy D.; Blumberg, Stephen J.; Wheatley, Thalia P. Journal of Personality and Social Psychology, Vol 75(3), Sep 1998, 617-638.

33 Alois Stutzer, Bruno S. Frey, Stress that Doesn't Pay: The Commuting Paradox, The Scandinavian Journal of Economics, 110(2), 339–366, 2008

34 Rick Hanson: Buddha's Brain: The Practical Neuroscience of
    Happiness, Love, and Wisdom, New Harbinger 2009

35 http://www.rickhanson.net/dont-beat-yourself-up/

36 http://nautil.us/issue/39/sport/the-strange-brain-of-the-
    worlds-greatest-solo-climber

37 Gloria Mark, Shamsi T. Iqbal, Mary Czerwinski, Paul Johns,
    Akane Sano, Neurotics Can't Focus: An in situ Study of Online
    Multitasking in the Work-
    place, CHI '16 Proceedings of the 2016 CHI Conference on
    Human Factors in Computing Systems Pages 1739-1744

38 Rick Hanson, Hardwiring Happiness, Harmony 2013

39 Armstrong, Andrew, Roslyn F. Galligan, Christine R.
    Critchley, Emotional intelligence and psychological resilience
    to negative life events, Personality and Individual Differences
    51 (2011)

40 Haase, Lori, Mindfulness-based training attenuates insula res-
    ponse to an aversive interoceptive challenge, Social Cognitive
    and Affective Neuroscience 2014

41 https://www.youtube.com/watch?v=xoLQ3qkh0w0

42 Does Variety among Activities Increase Happiness?
    Jordan Etkin, Cassie Mogilner, Journal of Consumer Research,
    2016, 43 (2): 210-229.

43 Altmann, Erik M.; Trafton, J. Gregory; Hambrick, David Z.,
    Momentary interruptions can derail the train of thought, Jour-
    nal of Experimental Psychology, General, Vol 143(1), 2014,
    215-226.

44 Bargh, John A. »The Ecology of Automaticity: Toward Estab-
    lishing the Conditions Needed to Produce Automatic Proces-
    sing Effects.« The American Journal of Psychology, vol. 105,
    no. 2, 1992, pp. 181–199.

45 Logan, G. D., & Cowan, W. B. (1984). On the ability to inhibit
    thought and action: A theory of an act of control. Psychologi-
    cal Review, 91, 295-327

46 Eyal Ophir, Clifford Nass, Anthony D. Wagner, Cognitive control in media multitaskers, PNAS, vol. 106 no. 37

47 Kathleen D. Vohs, Joseph P. Redden, Ryan Rahinel, Physical Order Produces Healthy Choices, Generosity, and Conventionality, Whereas Disorder Produces Creativity, Journal of Psychological Science 2013

48 »It's not mess. It's creativity.« http://www.nytimes.com/2013/09/15/opinion/sunday/its-not-mess-its-creativity.html

49 Kniffin, K. M., Yan, J., Wansink, B., and Schulze, W. D. (2016) The sound of cooperation: Musical influences on cooperative behavior. J. Organiz. Behav.

50 Mona Lisa Chanda, Daniel J. Levitin, The neurochemistry of music, Trends in Cognitive Sciences, 2013 Apr;17(4):179-93

51 Pejtersen J.H., Feveile H., Christensen K.B., Burr H. , Sickness absence associated with shared and open-plan offices – a national cross sectional questionnaire survey, Scand J Work Environ Health 2011;37(5):376-382

52 http://www.spiegel.de/karriere/privates-surfen-chef-darf-browserverlauf-pruefen-a-1077201.html

53 Adrian Furnham, »The Psychology of Surveillance«, Psychology Today, https://www.psychologytoday.com/blog/sideways-view/201507/the-psychology-surveillance

54 Mihyang An, Stephen M. Colarelli, Kimberly O'Brien, Melanie E. Boyajian, Why We Need More Nature at Work: Effects of Natural Elements and Sunlight on Employee Mental Health and Work Attitudes, PLOS One 2016

55 Jia Wei Zhanga, Paul K. Piff, Ravi Iyer, Spassena Koleva, Dacher Keltner, An occasion for unselfing: Beautiful nature leads to prosociality, Journal of Environmental Psychology 37, 2014

56 Roger S. Ulrich, Robert F. Simons, Barbara D. Losito, Evelyn Fiorito, Mark A. Miles, Michael Zelson, Stress recovery during

exposure to natural and urban environments, Journal of Environmental Psychology 11, 3, 1991

57 Gretchen Reynolds, The first 20 Minutes, Avery 2013

58 http://www.cdc.gov/brfss/

59 Hendrik Mothes, Christian Leukel, Han-Gue Jo, Harald Seelig, Stefan Schmidt, Reinhard Fuchs. Expectations affect psychological and neurophysiological benefits even after a single bout of exercise. Journal of Behavioral Medicine, 2016

60 Vincent Gouttebarge, Haruhito Aoki, Jan Ekstrand, Evert A. L. M. Verhagen, Gino M. M. J. Kerkhoffs, Are severe musculoskeletal injuries associated with symptoms of common mental disorders among male European professional footballers?, Knee Surgery, Sports Traumatology, Arthroscopy, DOI 10.1007/s00167-015-3729-y

61 Richard P. Dum, David J. Levinthal and Peter L. Strick, Motor, cognitive, and affective areas of the cerebral cortex influence the adrenal medulla, PNAS, vol. 113 no. 35

62 https://www.theatlantic.com/science/archive/2016/08/cortical-adrenal-orchestra/496679/

63 M.E. Hopkins, F.C. Davis, M.R. VanTieghem, P.J. Whalen, D.J. Bucci, Differential effects of acute and regular physical exercise on cognition and affect, Neuroscience 215

64 Andrew J. Oswald, Eugenio Proto, and Daniel Sgroi, Happiness and Productivity, Journal of Labor Economics 33, 4

65 https://www.theguardian.com/science/2010/jul/11/happy-workers-are-more-productive

66 Sigal G. Barsade & Olivia A. O'Neill, What's love got to do with it?, Administrative Science Quarterly

67 Volker Kitz, Feierabend. Warum man für seinen Job nicht brennen muss, S. Fischer Verlag 2017

68 Hatfield, E., Cacioppo, J. L. & Rapson, R. L., Emotional contagion. Current Directions in Psychological Sciences 2, 1993

69 Aknin LB, Hamlin JK, Dunn EW (2012) Giving Leads to Happiness in Young Children. PLoS ONE 7(6): e39211. doi:10.1371/journal.pone.0039211

70 Kevin M. Kniffin, Brian Wansink, Carol M. Devine, and Jeffery Sobal, Eating Together at the Firehouse: How Workplace Commensality Relates to the Performance of Firefighters, Human Performance 28, 4, 2015

71 Rick Hanson, Hardwiring Happiness, Harmony 2013

72 Barbara Fredrickson, Positivity: Top-Notch Research Reveals the Upward Spiral That Will Change Your Life, Harmony 2009

73 Christine Carter, The Sweet Spot, Ballantine Books 2015, S. 131

74 Leffers, Jochen, Kollegen sind die Pest – das Lästerlexikon, Kieperheuer & Witsch 2013

75 Hershcovis MS1, Turner N, Barling J, Arnold KA, Dupré KE, Inness M, LeBlanc MM, Sivanathan N., Predicting workplace aggression: a meta-analysis, J Appl Psychol. 2007 Jan;92(1):228-38

76 Loren Toussaint, Everett L. Worthington, Jr, Daryl R. Van Tongeren, Joshua Hook, Jack W. Berry, Andrea J. Miller, Don E. Davis, Forgiveness Working, American Journal of Health Promotion 2016

77 https://www.ted.com/talks/mihaly_csikszentmihalyi_on_flow?language=en#t-620795

78 Liisa Tyrväinen, Ann Ojala, Kalevi Korpela, Timo Lanki, Yuko Tsunetsugu, Takahide Kagawa, The influence of urban green environments on stress relief measures: A field experiment, Journal of Environmental Psychology 38, 2014

79 Gregory N. Bratman, Gretchen C. Daily, Benjamin J. Levy, James J. Gross, The benefits of nature experience: Improved affect and cognition Landscape and Urban Planning 138, 2015

80 Hatfield, E., Cacioppo, J. L. & Rapson, R. L., Emotional contagion. Current Directions in Psychological Sciences, 2, 1993

81 Brent A. Scott and Christopher M. Barnes, A Multilevel Field Investigation of Emotional Labor, Affect, Work Withdrawal, and Gender, ACAD MANAGE J, 2011

82 Daniel Rettig, Die guten alten Zeiten: Warum Nostalgie uns glücklich macht, dtv 2013

83 Wing-Yee Cheung, Tim Wildschut, Constantine Sedikides, Erica G. Hepper, Jamie Arndt, Ad J. J. M. Vingerhoets, Back to the Future: Nostalgia Increases Optimism, Personality and Social Psychology Bulletin 2013

84 Kondo, Marie, Magic Cleaning: Wie richtiges Aufräumen ihr Leben verändert, Rowohlt 2013

85 Erik M. Gregory, Pamela B. Rutledge, Exploring Positive Psychology: The Science of Happiness and Well-Being: The Science of Happiness and Well-Being, ABC-Clio 2016

86 Stellar, J. E., Cohen, A., Oveis, C., & Keltner, D., Affective and Physiological Responses to the Suffering of Others: Compassion and Vagal Activity, Journal of Personality and Social Psychology 108, 2015

87 Barbara L. Fredrickson, Michael A. Cohn, Kimberly A. Coffey, Jolynn Pek, and Sandra M. Finkel, Open Hearts Build Lives: Positive Emotions, Induced Through Loving-Kindness Meditation, Build Consequential Personal Resources, J Pers Soc Psychol. 2008

88 Tonelli ME, Wachholtz AB, Meditation-based treatment yielding immediate relief for meditation-naïve migraineurs, Pain Manag Nurs. 2014

89 Carson JW, Keefe FJ, Lynch TR, Carson KM, Goli V, Fras AM, Thorp SR, Loving-kindness meditation for chronic low back pain: results from a pilot trial, J Holist Nurs. 2005

90 Kearney DJ, Malte CA, McManus C, Martinez ME, Felleman B, Simpson TL., Loving-kindness meditation for posttraumatic stress disorder: a pilot study, J Trauma Stress. 2013

91 Cendri A. Hutcherson, Emma M. Seppala, James J. Gross: Loving-kindness meditation increases social connectedness. Emotion. Band 8, Nr. 5, 2008

92 Hoge EA, Chen MM, Orr E, Metcalf CA, Fischer LE, Pollack MH, De Vivo I, Simon NM., Loving-Kindness meditation practice associated with longer telomeres in women, Brain Behav Immun. 2013

93 Daniel Kahneman, Alan B. Krueger, David A. Schkade, Norbert Schwarz, Arthur A. Stone, A Survey Method for Characterizing Daily Life Experience: The Day Reconstruction Method, science 306, 2004

94 http://www.rand.org/randeurope/research/projects/the-value-of-the-sleep-economy.html

95 Kohatsu N.D., et al. Sleep Duration and Body Mass Index in a Rural Population, Archives of Internal Medicine. 2006

96 Opp, M.R., et al. Neural-Immune Interactions in the Regulation of Sleep, Front Biosci. 2003

97 Cohen S,, et al. Sleep Habits and Susceptibility to the Common Cold, Arch of Intern Med. 2009

98 Van Dongen H.P.A., et al. The Cumulative Cost of Additional Wakefulness: Dose-Response Effects on Neurobehavioral Functions and Sleep Physiology from Chronic Sleep Restriction and Total Sleep Deprivation. SLEEP. 2003

99 Neurotics Can't Focus: An in situ Study of Online Multitasking in the Workplace Gloria Mark , Shamsi T. Iqbal, Mary Czerwinski, Paul Johns, Akane Sano, Proceedings of the 2016 CHI Conference on Human Factors in Computing Systems, 2016

100 http://healthysleep.med.harvard.edu/need-sleep

101 Landrigan CP, et al. Effect of Reducing Interns' Work Hours on Serious Medical Errors in Intensive Care Units. NEJM.

2004. Lockley SW, et al. Effect of Reducing Interns' Weekly Work Hours on Sleep and Attentional Failures. NEJM. 2004

102 Shawn Achor, The Happiness Advantage, Virgin Books 2010

103 Dacher Keltner, Das Macht-Paradox, Campus Verlag, 2016

104 Philip Mellizo, Jeffrey Carpenter, Peter Hans Matthews, Workplace Democracy in the Lab IZA DP No. 5460, 2011

105 Ronald S. Burt, Martin Kilduff, Stefano Tasselli, Social Network Analysis: Foundations and Frontiers on Advantage, Annual Review of Psychology, 2013

106 Booz & Company Inc., Felix Burda Stiftung. Vorteil Vorsorge – Die Rolle der betrieblichen Gesundheitsvorsorge für die Zukunftsfähigkeit des Wirtschaftsstandortes Deutschland, 2011

107 Scotta, B.A., et. al., A Daily Investigation of the Role of Manager Empathy on Employee Well-Being, Organizational Behavior and Human Decision Processes, 2010

108 Côté, S., Affect and performance in organizational settings. Current, Directions in Psychological Science, 1999

109 V.A. Visser, Leader Affect and Leadership Effectiveness: How leader affective displays influence follower outcomes, 2013

Register

Abhängigkeit 52

Ablenkung 120, 122, 123, 126, 203, 204

Achtsamkeit 78, 116-119

Adrenalin 102, 108, 109, 114, 152, 154

affective forecasting 84

Anchoring 66, 68

Anerkennung 49, 170, 172

Angst 101-104, 107, 110, 180

Anpassung, hedonistische 77, 226

Ansteckung, emotionale 165

Arbeitsplatz 141

Arbeitssucht 185

Arbeitszeit, Freizeit und 224

Atmen 215-217

Aufmerksamkeit 57, 179

Aufräumen 211-213

Auszeit 184

Bauchmuskeln 152-155

BDNF (Brain-derived neurotrophic factor) 149, 157

Berufsleben 15, 20, 23

Burnout 162

Bürogestaltung 136

Chef 185, 225-232

Cortisol 64, 65, 83, 114, 115, 133, 154

Dankbarkeit 78, 79, 165, 178, 202, 203

– Tagebuch über 172

Denken, negatives 69

Denken, positives 18, 54

Dopamin 24, 49, 133

E-Mail 40, 75, 114, 184-187

extreme resilience siehe Resilienz

Emotionen 84, 89

– negative 160

– positive 160

– Stress und 116

Endorphine 148, 149

Entscheidungen 72, 74, 75

Entscheidungsfreiheit 56

Erinnerungen 87-89, 209

Erreichbarkeit 186

Familie 41, 51, 63, 210

Flow 197-199

Framing 66, 68

Franklin-Effekt 172

Freunde 17, 41, 51, 166, 202, 210

Gedanken 59, 60, 66, 112, 208
Gehirn 24, 25, 46, 55, 86,
  87-92, 102, 104-106,
  109, 153
  – Angstzentrum des 108, 111
  – Bewegung und 147
  – Bewegungszentrum des
    152, 153
  – Einsamkeit und 163
  – Gefahr und 108, 122
  – Konzentration und 134
  – Reiz und 126
  – Selbstschutzmechanismus
    des 170
  – Stress und 115
Geld 18, 43
Gewohnheiten 124, 126
Glücksmethoden 191
Glückstagebuch 201, 202
Glücksunterricht 22
Großraumbüro 132, 134, 135

hedonic adaption siehe Anpassung,
  hedonistische
Hedonismus 53
Homeoffice 135

Immunsystem, psychologisches
  85
Impulskontrolle 113

Kampf oder Flucht, 102, 113,
  133, 174, 175

Karriere 159, 224, 225, 228
Kommunikationsknigge 186
Kontakte, soziale 210
Kontrollverlust 83, 84
Konzentration 130, 131,
  137
Kooperationsverhalten 168
Körperwahrnehmung 118
Kreativität 130, 142
Kündigungsgründe 234

Lärm 134
Leid 65
Liebe 70, 161, 218
Loslassen 217
Loving Kindness Meditation
  (LKM) 218, 219

Macht 228, 229, 230
Meditation 92, 219
Meta-Meditation 218
Mindfulness 116, 117
Mittagspause 205
Monotasking 119
Motivation 169
Multitasking 119, 123-125

Natur 142
Negativität 92
negativity bias 89
Neuroplastizität 91, 92, 202
Neurotizismus 103
Noradrenalin 154

Ordnung 128-130
Oxytocin 133

people-pleaser 177
Pessimismus 69
Präsentismus 231
Produktivität, 161

Reizüberflutung 57, 58
Religion 49
Resilienz 115
Ritual 124, 168

Schlaf 220-222
Schmerz 65, 105, 106
Selbstbetrug 113
Selbstbewusstsein 208
Selbstgeißelung 87
Selbstkontrolle 126, 182
Selbstverwirklichung 29
Serotonin 133
Sicherheitsbedürfnis 121
Smartphone 183, 184
Sport 145, 146, 148, 151, 156,
  157

– Gesundheitseffekte des 147
– Selbstbewusstsein und 171
– Suchtpotential des 150
status quo bias 74, 75
Stimmung 164-166, 233
Stress 108, 113-116, 120, 175

Temperament 94
Tretmühle, hedonistische 77, 169

Überwachung 138-140
Unordnung 128, 129

Veränderung 74
– Mut zur 72
Vergebung 175, 176
Vorab-Meditation 111

Wahrnehmung 173
– selektive 91
– Stimmung und 97
white lies 181, 182